高等职业教育装备制造类专业系列教材

机电设备PLC技术应用实训

JIDIAN SHEBEI PLC JISHU YINGYONG SHIXUN

主　编　罗　康

副主编　王　伟　王　萍

参　编　赵　强　牢佳锋　任　伟　李振聪

西安交通大学出版社
XI'AN JIAOTONG UNIVERSITY PRESS

内容简介

本书对接"1+X"智能线集成与应用技能等级证书要求,通过上、中、下三篇共23个教学项目,把有关PLC的各类典型项目应用融入教学中,由浅入深,梯次递进,便于师生按照"教、学、做一体"开展教学和训练。

上篇主要是西门子S7-200PLC基础性操作训练内容,中篇将教学内容进一步扩展至不同厂家的PLC,可以锻炼学生的基础转化能力和知识迁移能力,下篇结合西门子S7-1200PLC完成复杂项目控制系统设计。

本书通过专业的硬件+软件的深度配合,引导学生读程序、编程序和调试程序,在项目实施过程中学习指令的功能和软件的操作方法,在设计实践中训练系统思维与动手能力,可作为高职高专院校、成人教育、职业技能培训的电气自动化、机电一体化、数控技术、数控维修等专业的实训教学指导用书,也可供工程技术人员参考学习使用。

图书在版编目(CIP)数据

机电设备 PLC 技术应用实训 / 罗康主编. —西安:西安交通大学出版社,2024.5
ISBN 978-7-5693-2900-1

Ⅰ. ①机… Ⅱ. ①罗… Ⅲ. ①PLC 技术—高等职业教育—教材 Ⅳ. ①TM571.61

中国版本图书馆 CIP 数据核字(2022)第 218232 号

书　　名	机电设备 PLC 技术应用实训	
	Jidian Shebei PLC Jishu Yingyong Shixun	
主　　编	罗　康	
策划编辑	曹　昳　杨　璠	
责任编辑	刘艺飞　王玉叶	
责任校对	张　欣	
封面设计	任加盟	
出版发行	西安交通大学出版社	
	(西安市兴庆南路 1 号　邮政编码 710048)	
网　　址	http://www.xjtupress.com	
电　　话	(029)82668357　82667874(市场营销中心)	
	(029)82668315(总编办)	
传　　真	(029)82668280	
印　　刷	西安五星印刷有限公司	
开　　本	787 mm×1092 mm　　1/16　　印张 19.125　　字数 390 千字	
版次印次	2024 年 5 月第 1 版　　2024 年 5 月第 1 次印刷	
书　　号	ISBN 978-7-5693-2900-1	
定　　价	49.00 元	

前言
PREFACE

本教材的开发是以工作任务为导向,突出 PLC 技术中"机电软体化"软硬相兼、工学结合的专业体系特色,适于理实一体化教学,可作为高职高专院校相关专业的教材或参考书。

本教材内容涵盖了学科专属知识与技能,深入培育高级思维能力,增强对学生的社会责任教育,有助于涵养人文价值观,启发工作与事业准备,激发个人发展潜能。本书按照项目式教学、任务驱动的模式编排教学内容,每个项目包含若干个任务,由简单到复杂,循序渐进推动各个专题的深入认知学习。

全书采用活页式设计,对接"1 + X"智能线集成与应用技能等级证书,可根据不同专业所需适度取舍,因材施教,灵活穿插,分散取用。探索动态化教学管理实施模式(思政小活页 + 工作计划表 + 考核评价表 + 课后思考与练习 + 学习小结),教学工作过程高效合理,有序递进,有的放矢。全书分为上中下三个篇章,上篇项目主要以西门子 S7 - 200 系列 PLC 为主体做以说明,中篇拓展至多种不同厂商的 PLC 机型,下篇则主要以西门子 S7 - 1200 系列 PLC 为对象设计项目案例。

本书由陕西工业职业技术学院罗康主编,王萍编写项目 4、项目 6、项目 8,江苏傲拓科技股份有限公司任伟、李振聪两位工程师编写项目 13,部分思政小视频与漫画创作由陕西工业职业技术学院赵强负责,北京赛育达科教有限责任公司工程师牟佳锋对"1 + X"智能线集成与应用技能等级证书要求进行了梳理说明,陕西工业职业技术学院王伟参与编写部分项目及课程思政部分,陕西工业职业技术学院吕金焕担任本书主审。

本书的出版得到各方面的指导、合作、支持和配合,在此一并表示感谢!

由于编者的认知、经验及时间有限,书中难免会出现疏漏和不妥之处,恳请广大读者批评指正。

编　者
2023 年 10 月

1+X 职业技能等级要求 [智能线集成与应用技能等级（中级）]

总要求： 能根据需求准确进行系统方案设计，原理图绘制，能根据工艺要求对集成系统进行分析及优化，能够根据智能要求对电气相关系统进行设计，能够编写通讯程序，能根据智能线要求编写能线综合程序及视觉系统程序，能对智能线进行联机调试以及故障排除维修

项目	职业技能	1.1 智能线技术文件资料识读	1.2 智能线相关设备的熟悉	1.3 智能线运行操作	2.1 简单智能线电气原理图设计	2.2 简单智能线PLC选型	2.3 简单智能线传感器选型	2.4 简单智能线气动和伺服电机设备选型	3.1 PLC编程软件安装与操作	3.2 简单智能线PLC编程	4.1 智能线安装	4.2 智能线安全检查	4.3 智能线调试
项目 1	PLC 系统软硬件初识	√	√	√	√					√	√	√	√
项目 2	信号指示灯的 PLC 控制	√	√	√	√				√	√	√	√	√
项目 3	三相交流异步电动机的 PLC 控制	√	√	√	√				√		√	√	√
项目 4	PLC 控制的抢答器的设计	√	√	√	√				√	√	√	√	√
项目 5	定时器控制及其应用	√	√	√	√				√	√	√	√	√
项目 6	交通信号灯的 PLC 控制	√	√	√	√				√	√	√	√	√
项目 7	计数器控制及其应用	√	√	√	√		√		√	√	√	√	√
项目 8	多种液体自动混合系统的 PLC 控制	√	√	√	√		√		√	√	√	√	√
项目 9	数据传送、移位功能指令的编程与应用	√	√	√	√				√	√	√	√	√
项目 10	三菱 PLC 简介	√	√	√	√	√			√	√	√	√	√
项目 11	欧姆龙 PLC 简介	√	√	√	√	√	√		√	√	√	√	√
项目 12	信捷 PLC 简介	√	√	√	√	√			√	√	√	√	√
项目 13	做拓 PLC 简介	√	√	√	√	√			√	√	√	√	√
项目 14	西门子 S7–1200PLC 简介	√	√	√					√	√	√	√	√
项目 15	PLC 的外部设备	√	√	√			√	√	√	√	√	√	√
项目 16	自控成型机	√	√	√			√	√	√	√	√	√	√
项目 17	LED 数码管显示	√	√	√	√	√	√		√	√	√	√	√
项目 18	双面铣床控制系统	√	√	√	√	√	√		√	√	√	√	√
项目 19	全自动洗衣机控制	√	√	√	√	√	√		√	√	√	√	√
项目 20	机械手控制系统	√	√	√	√	√	√	√	√	√	√	√	√
项目 21	三成货梯控制	√	√	√	√	√	√		√	√	√	√	√
项目 22	自动送料装车系统	√	√	√	√	√	√		√	√	√	√	√
项目 23	四层电梯	√	√	√	√	√	√		√	√	√	√	√

目 录
CONTENTS

项目1
PLC系统软硬件初识 —— 光机电一体化实训装置硬件结构认知 —— 西门子S7-200PLC初识
STEP7编程软件认知 —— 梯形图语言

项目2
信号指示灯的PLC控制 —— 母线作用：挂载输入条件的串并联——输出
程序由网络构成，一行梯形图代表一个网络

项目3
三相交流异步电动机的PLC控制

内部标志位存储器M，M0.0可作为启动标志位

拓展：置位复位指令 —— 引出："起停控制"
软元件触点如何"自锁"

引出：软件中存在输入信号的互锁和输出信号的互锁
软元件触点如何"互锁"

实训

项目4
PLC控制的抢答器的设计 —— 起停控制
互锁

项目5
定时器控制及其应用 —— 电机Y-Δ减压起动电路
闪烁电路 —— 占空比
长定时电路

项目6
交通信号灯的PLC控制 —— 闪烁的实现 —— SM0.5
循环的实现 —— 定时器的常闭触点

项目7
计数器控制及其应用 —— 循环周期和次数

项目8
多种液体自动混合系统PLC控制 —— 顺序控制

项目9
数据传送、移位功能指令的编程与应用 —— 建立数据思维、深入内存底层逻辑

PLC 系统软硬件初识

1.1 项目描述

正确连接西门子 S7 – 200PLC 的外部电源,正确连接输入设备(按钮)和输出设备(指示灯),连接通信电缆至电脑主机,并使用 STEP7 – Micro/WIN32 编程软件与单台西门子 S7 – 200PLC 主机成功建立通信。使用 STEP7 – Micro/WIN32 编程软件新建、保存项目,能输入梯形图程序。编译程序、检查程序编写错误、检查上下位机通信和下载程序至 PLC 主机。使用编程软件在线监控程序运行状况。

1.2 项目目标

知识目标:

(1)掌握 PLC 的基本结构组成。

(2)识读 PLC 的铭牌型号。

(3)熟悉 PLC 的主要技术指标。

(4)阅读 PLC 的使用手册等文件。

技能目标:

(1)正确连接 PLC 的电源、区分输入端和输出端。

(2)会安装 STEP7 – Micro/WIN32 编程软件。

(3)会使用 STEP7 – Micro/WIN32 新建、保存项目,能输入梯形图程序。

(4)会编译程序、检查程序编写错误、检查上下位机通信和下载程序至 PLC 主机。

(5)会使用编程软件在线监控程序运行状况。

思政目标:

(1)感知"创新推动发展",抓创新就是抓发展、谋创新就是谋未来。

(2)PLC 技术博大精深,兼容并蓄。砥砺奋进,方能有一片天地。

1.3 相关知识链接

光机电一体化实训考核装置由型材导轨式实训台、典型机电一体化设备机械部件、PLC 模块、变频器模块、按钮模块、电源模块、模拟生产设备实训模块(包含上料机构、搬运机械手、皮带输送线、物件分拣材料等)、接线端子排、各种传感器、警示灯和气动电磁阀等组成。整体结构采用开放式和拆装式设计，是可以组装、接线、编程和调试的光机电一体化设备。西门子 S7－200CPU226设备各部分名称如图1－1、图1－2、图1－3、图1－4所示。

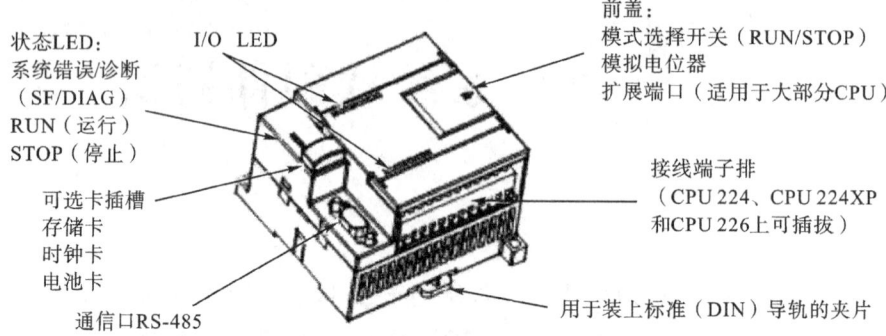

图1－1 西门子 S7－200CPU226 设备各部分名称

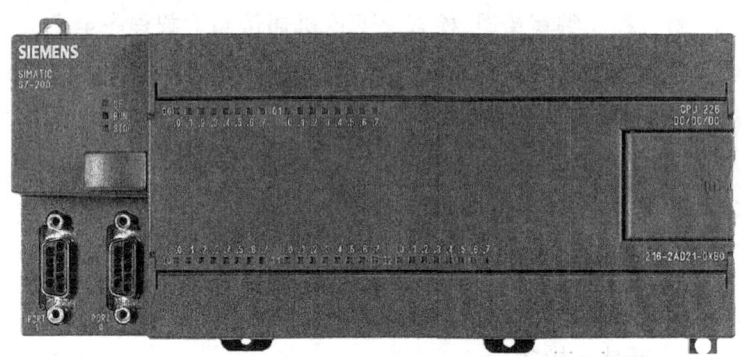

图1－2 西门子 S7－200CPU22X 外形

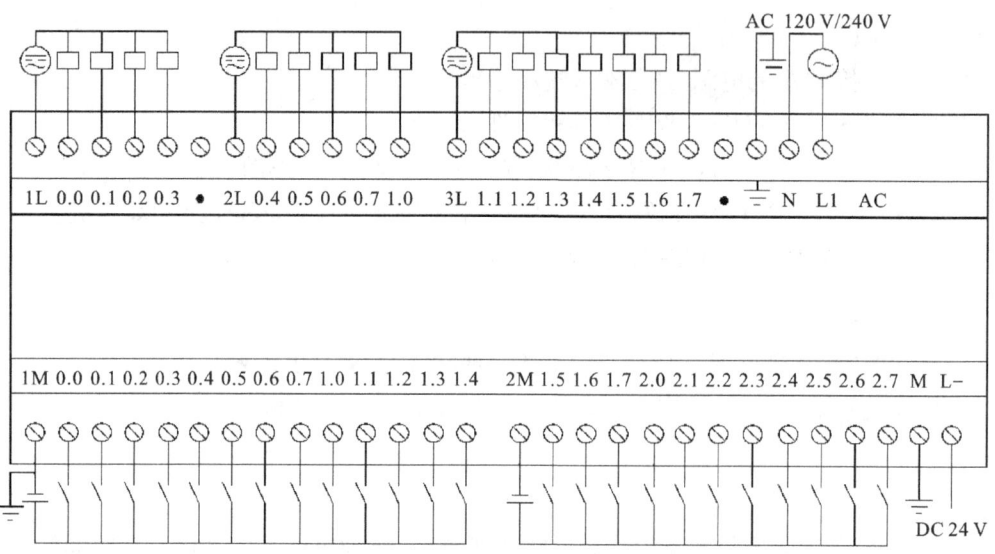

图1－3 CPU226 AC/DC/继电器模块 I/O 接线端子图

端子接线
　　CTS7-216-2AD35-0X40接线端子

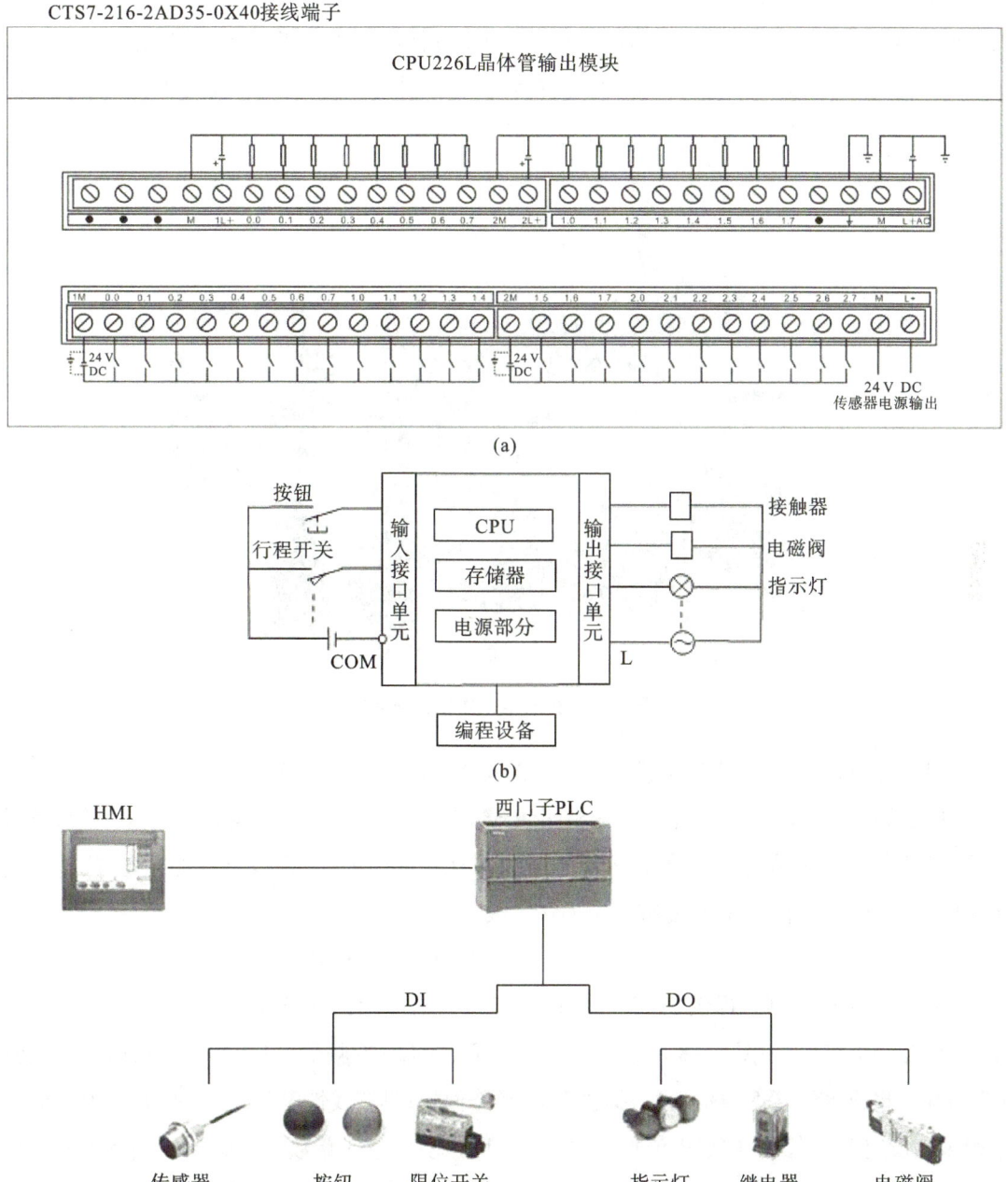

(a)

(b)

(c)

图1－4 西门子 S7－200CPU226 DC/DC/DC 模块 I/O 接线图

CPU226 DC/DC/DC 有 24 路数字量输入、16 路晶体管输出、两个 RS－485 通信口、＋EM222(8 路数字量输出)，在 PLC 的每个输入端均有开关，PLC 主机的输入/输出接口均已连到面板上，方便用户使用。

一般 PLC 系统是模块化结构,电源与外部设备连接 PLC 主机,PLC 主机与上位机通过通信线缆连接进行程序下载与调试,具有结构简单、施工方便的特点。光机电一体化实训装置外观如图 1-5 所示。在实训中的 I/O 分配、硬件接线、程序设计、下载调试等流程中,可以通过虚拟仿真和专业设备实训掌握 PLC 系统设计与调试技术。

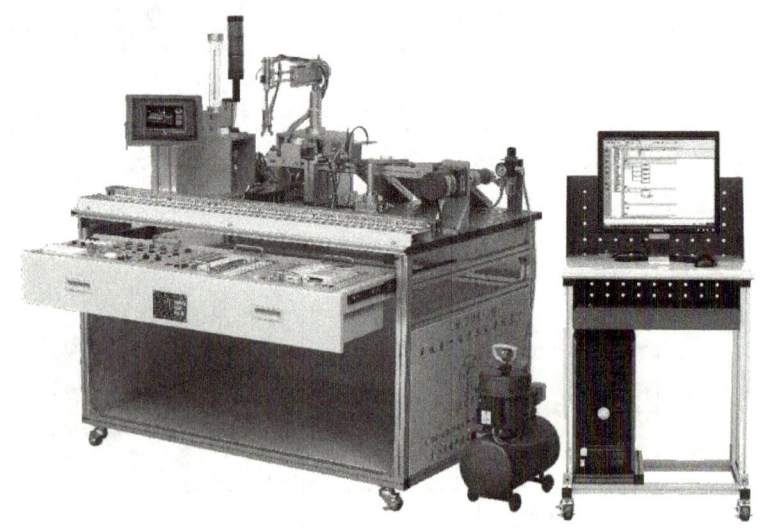

图 1-5 光机电一体化实训装置

机电设备 PLC 实训常用实训模块包含电源模块、按钮模块和变频器模块。

(1)电源模块,如图 1-6 所示。三相四线 380 V 交流电源经三相电源总开关后给系统供电,设有保险丝,具有漏电和短路保护功能,提供单相双联暗插座,可以给外部设备、模块供电,并提供单、三相交流电源,同时配有安全连接导线。

(2)按钮模块,如图 1-7 所示。提供红、黄、绿三种指示灯(DC24 V),复位、自锁按钮,急停开关,转换开关,蜂鸣器。提供 24 V/6 A、12 V/5 A 直流电源,为外部设备供电。

(3)变频器模块,如图 1-8 所示。采用西门子 MM420 变频器,三相 380 V 供电,输出功率 0.75 kW。集成 RS-485 通信接口,提供 BOP 操作面板;具有线性 V/F 控制、平方 V/F 控制、可编程多点设定 V/F 控制,磁通电流控制、直流转矩控制;集成 3 路数字量输入/1 路继电器输出,1 路模拟量输入/1 路模拟量输出;具备过电压、欠电压保护,变频器、电机过热保护,短路保护等。提供调速电位器,所有接口均采用安全插头连接。

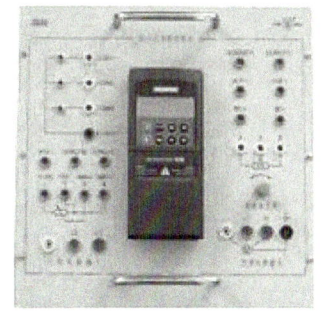

图1-6　电源模块图　　　　图1-7　按钮模块　　　　图1-8　变频器模块

1.4　项目实施

1. 实训准备

（1）实训设备：

PLC虚拟仿真系统；智能手机、电脑，机电综合实训室；西门子S7-200CPU226一台，电源模块，按钮模块，编程计算机及电脑推车一套。

（2）软件环境：

PLC虚拟仿真实训平台，线上教学软件，PLC系统虚拟仿真动画。

2. 实施步骤

（1）写出PLC的基本构成。

（2）识读PLC的铭牌型号。

（3）识别PLC主机的外部端子，会区分电源、输入端、输出端。

（4）PLC电源的连接。

（5）PLC输入端子的连接，写出可接外部设备类型。

（6）PLC输出端子的连接，写出可接外部设备类型。

（7）PLC通信线缆的连接。

（8）编程软件的安装。

（9）梯形图的编制。

（10）程序的编译、语法检查及下载调试。

（11）程序的在线监控。

（12）PLC系统的维护与保养。

3. 制订小组工作计划

根据以上任务要求和实施步骤，制订本小组的工作计划。

工作计划表

项目名称：_____ 　　　　　姓名：_____ 　　　　　1/1

班级		组号		组长	
组员					
工作地点		任务日期		任务时长	
序号	计划名称	工作内容		完成度	
1					
2					
3					
4					
5					

1.5 项目验收考核

班级		姓名		得分	
任务名称		评价标准		分数	
PLC 基本构成		结构绘制正确		10	
PLC 铭牌型号与使用手册阅读		技术参数查找正确		10	
PLC 电源接线		回答及线色选择正确		10	
PLC 输入端子连线		接线规范、线色选择正确		10	
PLC 输出端子连线		接线规范、线色选择正确		10	
PLC 通信线缆		识别线型正确		5	
编程软件安装		安装流程完整		5	
梯形图编制		内容完整、正确		10	
程序下载		内容完整、正确		10	
程序调试		内容完整、正确		10	
PLC 系统运行演示与说明		内容完整、正确		10	

1.6 安全规范考评

序号	评价内容	评价标准	分数	得分
1	在完成工作任务过程中,操作是否符合安全操作规程	完全符合要求:15 分; 基本符合要求:10 分; 一般符合要求:5 分; 完全不符合要求:0 分	15	
2	工具摆放、物品包装、导线线头和坏线处置等是否符合职业岗位的要求	完全符合要求:5 分; 错误少于或等于 3 处:每错 1 处扣 1 分; 错误 3 处以上:0 分	5	
3	是否做到尊重师长,遵守实训纪律,爱惜实训室的设备和器材,保持工位的整洁	完全符合要求:10 分 (按实际情况酌情扣分)	10	
4	是否按时参加考勤和值日,行为是否符合职业规范	完全符合要求:70 分; 考勤不合格扣 60 分; 未参加值日扣 10 分; 不符合职业规范的行为,视情节扣 5~10 分	70	
合计			100	

1.7   课后思考与练习

1. 什么是PLC？

2. PLC的基本单元由中央处理器（   ）、（   ）、（   ）、（   ）、（   ）等部分组成,根据以上硬件结构的组成方法不同,可以将PLC分为（   ）和（   ）。

3. PLC的存储器用来存放（   ）、（   ）程序和用户数据等。

4. PLC的I/O点数是指（   ）部（   ）、（   ）端子数量的总和。

5. S7 –200PLC有5种不同的基本型号,分别是CPU221、CPU222、CPU224、CPU224XP和（   ）系列。（   ）是这个系列功能最强的PLC,其I/O点数是（   ）DI/（   ）DO,可满足一些中小型的复杂控制。

6. S7 –200PLC属于（   ）PLC。

A. 小型   B. 中型   C. 大型

7. 对于S7 –200 CPU224 AC/DC/RLY型PLC,以下说法错误的是（   ）。

A. 交流供电电源   B. 可提供24 V直流电给外部元件

C. 晶体管方式输出   D. 继电器方式输出

软硬相辅,虚实结合——PLC 控制系统设计的一般过程

B1.1 项目描述

某企业承担了一个机械手控制系统设计任务,机械手的机械结构如图 B1－1 所示,由气动系统的气缸驱动,气缸由电磁阀控制。

设计要求如下:

(1)当存放料台检测光电传感器检测物料到位后,机械手手臂前伸;

(2)手臂伸出限位传感器检测到位后,延时 0.5 s,手爪气缸下降;

(3)手爪下降限位传感器检测到位后,延时 0.5 s,气动手爪抓取物料;

(4)手爪夹紧限位传感器检测到夹紧信号后,延时 0.5 s,手爪气缸上升;

(5)手爪提升限位传感器检测到位后,延时 0.5 s,手臂气缸缩回;

(6)手臂缩回限位传感器检测到位后,延时 3 s,机械手爪松开;

(7)机械手爪松开 1 s 后,机械手爪松开电磁阀复位失电。

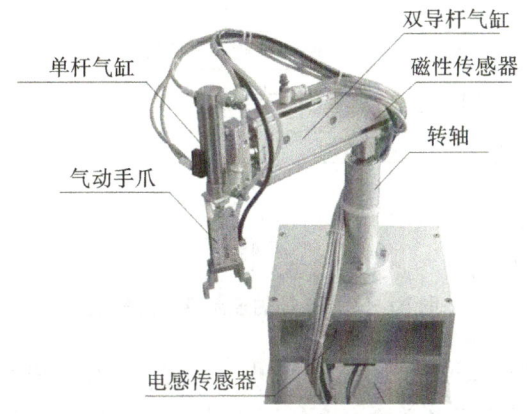

图 B1－1　机械手控制系统结构

B1.2 项目目标

知识目标:

(1)理解西门子 S7－200PLC 与外部设备的连接。

(2)能识读梯形图的基本逻辑指令。

（3）熟悉编程软件 STEP7 – Micro/WIN32 的操作。

（4）掌握 PLC 控制系统设计的方法。

技能目标：

（1）正确分析系统控制要求，确定输入/输出设备。

（2）会进行 I/O 地址分配。

（3）会进行硬件电路设计。

（4）会按控制要求进行软件程序的设计。

（5）会在线进行程序调试，验证是否达成控制要求。

思政目标：

无往不胜因有"魂"，矢志不渝因有"根"。通过本项目学习，培养以爱国主义为核心的民族精神和以改革创新为核心的时代精神。

B1.3　相关知识链接

PLC 的控制系统的组成如图 B1 – 2 所示。PLC 控制系统一般采用的输入设备有按钮、继电器触点、传感器（位置开关、光电开关、光电编码器等），输出设备有指示灯、接触器、电磁阀等。

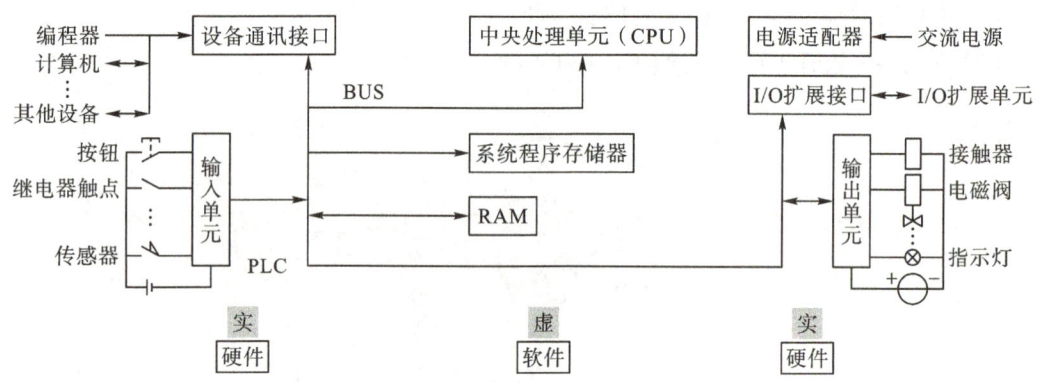

图 B1 – 2　PLC 的控制系统的组成

PLC 控制系统的设计一般遵循的步骤如图 B1 – 3 所示。首先解读分析控制要求，了解系统的控制对象，熟悉系统的输入设备和输出设备；再对相应设备分配 I/O 地址，绘制系统的硬件接线图，并进行实物接线，确保接线正确；然后按照控制要求编制梯形图程序；最后下载调试，检验是否达成控制要求，若未达成，需调整程序，重新调试。

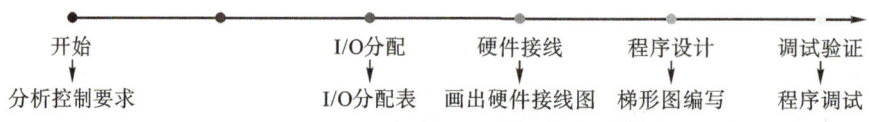

图 B1 – 3　PLC 控制系统设计的简要步骤

第一步:分析控制要求。一般采用圈画法,如图B1-4所示,了解控制对象的工作过程,把握该控制对象受控于哪一个执行机构,解读出系统的输入设备和输出设备,提取有效信息:条件和结果(因果关系),为后续工作做准备。

在例1中,通过分析可知,控制对象是一台电动机,PLC连接的输入设备有3个:点动按钮、长动按钮、停止按钮,PLC连接的输出设备有1个:控制该电动机工作的接触器线圈。

在例2中,通过分析可知,控制对象是三台水泵,PLC连接的输入设备有2个:启动按钮SB1、停止按钮SB2,PLC连接的输出设备有3个:控制这三台水泵工作的电磁阀YV1、YV2、YV3。

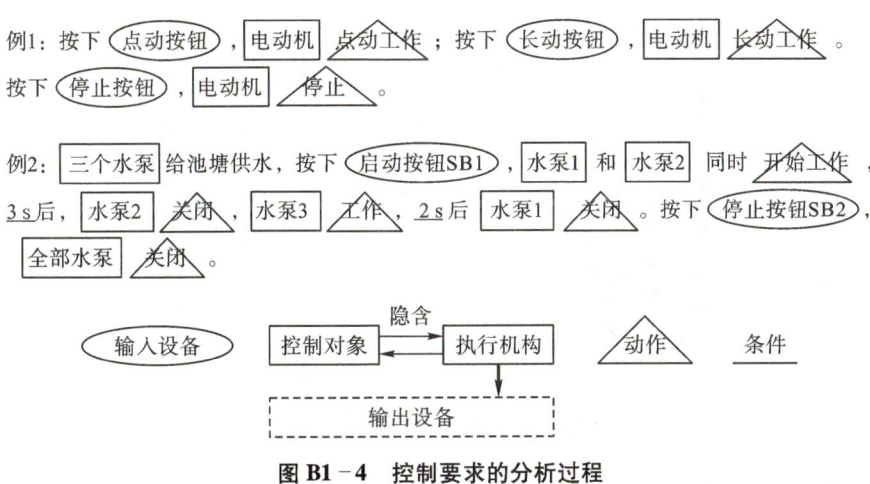

例1: 按下 点动按钮 ,电动机 点动工作 ; 按下 长动按钮 ,电动机 长动工作 。按下 停止按钮 ,电动机 停止 。

例2: 三个水泵 给池塘供水,按下 启动按钮SB1 , 水泵1 和 水泵2 同时 开始工作 , 3s后, 水泵2 关闭 , 水泵3 工作 , 2s后 水泵1 关闭 。按下 停止按钮SB2 , 全部水泵 关闭 。

图 B1-4 控制要求的分析过程

第二步:进行I/O分配。这是系统包含的硬件实物抽象为软件载体的关键一环,即对实体设备所产生信号的虚拟要素化,每个输入设备对应一个I口地址,每个输出设备对应一个Q口地址,如表B1-1所示。

表 B1-1 I/O 分配表

(a)例1的I/O地址分配

输入信号		输出信号	
输入设备	地址	输出设备	地址
点动按钮	I0.0	接触器 KM	Q0.0
长动按钮	I0.1		
停止按钮	I0.2		

(b)例2的I/O地址分配

输入信号		输出信号	
输入设备	地址	输出设备	地址
启动按钮 SB1	I1.0	水泵1 电磁阀 YV1	Q1.0
停止按钮 SB2	I1.1	水泵2 电磁阀 YV2	Q1.1
		水泵3 电磁阀 YV3	Q1.2

第三步:对照I/O分配表绘制硬件接线图。例1的硬件接线示意图如图B1-5所示。

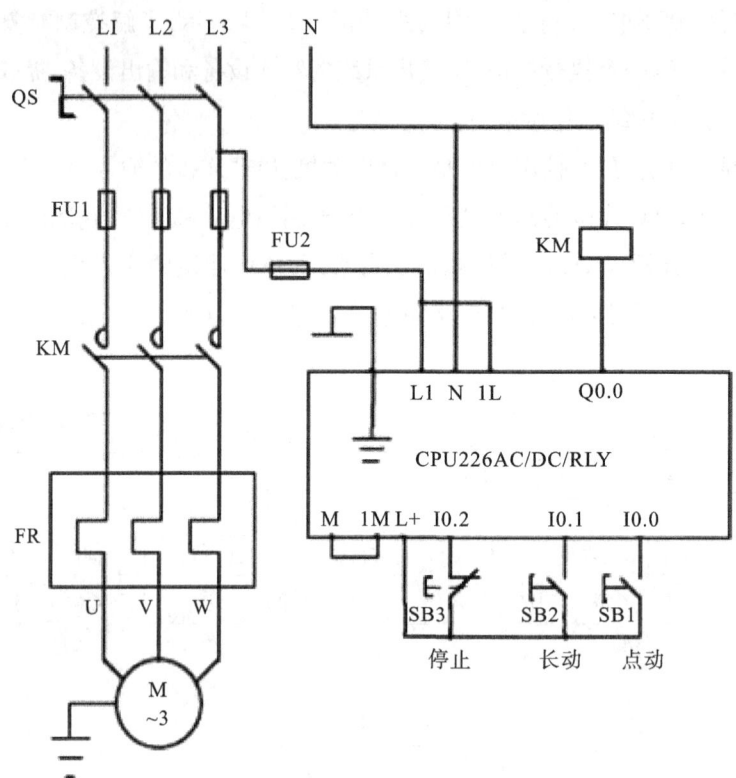

图 B1－5　例 1 的硬件接线示意图

请尝试画出例 2 的硬件接线图。

第四步:编写梯形图程序。注意梳理分析工作条件和执行元件(即工作对象)的关系,考虑因果关系、时间顺序等因素。编写梯形图程序的逻辑是由条件(常开或常闭触点)的串并联驱动执行软元件(线圈)的动作。如例1中,点动条件满足和长动条件满足均可使电动机工作,则其中存在并联关系。电动机点动控制程序的编制思路如图B1-6所示。

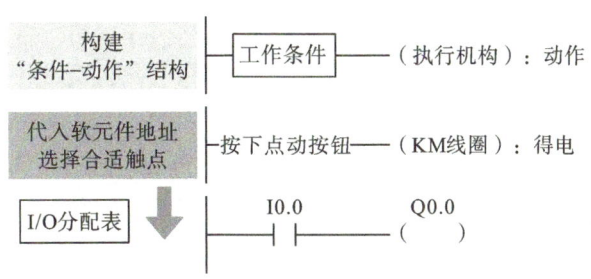

图 B1-6　电动机点动控制程序的编制思路

按下点动按钮,电动机点动工作。因此,选I0.0的常开触点作为工作条件,Q0.0线圈作为输出,可以得到控制电动机点动的梯形图程序如图 B1-7 所示。程序可直译为:I0.0信号通,则 Q0.0 得电。

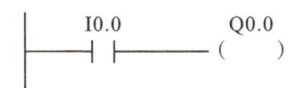

图 B1-7　电动机点动梯形图程序

思考:后续程序如何编写?

第五步:下载调试,进一步完善程序。验证程序的正确性与完备性。

B1.4　项目实施

1. 实训准备

(1)实训设备:

PLC 虚拟仿真系统;智能手机、电脑,机电综合实训室;西门子 S7-200CPU226 一台,电源模块,按钮模块,编程计算机及电脑推车一套。

(2)软件环境:

PLC 虚拟仿真实训平台,线上教学软件,PLC 系统虚拟仿真动画。

2. 实施步骤

(1)分析输入设备和输出设备,整理输入信号和输出信号个数,列出 I/O 分配表。

输入信号		输出信号	
输入设备	地址	输出设备	地址

（2）分析控制系统要求，根据相关描述，将控制要求的描述直译成"——$\boxed{工作条件}$——（执行机构）：动作"的序列。

示例：——$\boxed{存放料台检测光电传感器检测到物料}$——（手臂）：前伸

输入设备：（共　　　　个）

输出设备：（共　　　　个）

3. 制订小组工作计划

根据以上任务要求和实施步骤，制订本小组的工作计划。

工作计划表

项目名称：_____　　　　　　　姓名：_____　　　　1/1

班级		组号		组长	
组员					
工作地点		任务日期		任务时长	
序号	计划名称	工作内容		完成度	
1					
2					
3					
4					
5					

B1.5 项目验收考核

班级		姓名		得分	
任务名称		评价标准		分数	
PLC 型号选择		选型合理		10	
输入设备		列写正确		10	
输出设备		列写正确		10	
输入信号地址		分配合理		10	
输出信号地址		分配合理		10	
小组工作计划		分工合理,层次清晰		10	
编程软件内符号表自定义参数		填写完整,命名规范,布局合理		10	
文字版梯形图		符合控制要求描述,逻辑正确,结构合理		30	

B1.6 安全规范考评

序号	评价内容	评价标准	分数	得分
1	在完成工作任务过程中,操作是否符合安全操作规程	完全符合要求:15 分; 基本符合要求:10 分; 一般符合要求:5 分; 完全不符合要求:0 分	15	
2	工具摆放、物品包装、导线线头和坏线处置等是否符合职业岗位的要求	完全符合要求:5 分; 错误少于或等于 3 处:每错 1 处扣 1 分; 错误 3 处以上:0 分	5	
3	是否做到尊重师长,遵守实训纪律,爱惜实训室的设备和器材,保持工位的整洁	完全符合要求:10 分 (按实际情况酌情扣分)	10	
4	是否按时参加考勤和值日,行为是否符合职业规范	完全符合要求:70 分; 考勤不合格扣 60 分; 未参加值日扣 10 分; 不符合职业规范的行为,视情节扣 5～10 分	70	
合计			100	

信号指示灯的 PLC 控制

2.1 项目描述

现有 5 个按钮、6 个指示灯和 1 台 PLC,设备外观如图 2-1 所示。要求通过 PLC 用按钮控制指示灯工作,请完成以下任务。

任务 1:按下按钮 SB0,指示灯 L0 点亮;松开按钮 SB0,指示灯 L0 熄灭。

任务 2:按下按钮 SB0,指示灯 L0 点亮并保持;按下按钮 SB1,指示灯 L0 熄灭。

任务 3:按下按钮 SB0,指示灯 L0～L6 点亮并保持;按下按钮 SB1,指示灯 L0～L6 熄灭。

任务 4:有红、绿、蓝三个彩灯,按下按钮 SB1,红、蓝灯亮;按下按钮 SB3,黄灯亮;按下按钮 SB2,黄、蓝灯灭;按下按钮 SB4,红灯灭。

指示灯所需电源为 24 V 直流电。

图 2-1 系统所含设备

2.2 项目目标

知识目标:

(1)掌握按钮元件的基本结构组成,识读按钮的铭牌型号。

(2)掌握指示灯的铭牌型号及规格参数。

(3)掌握使用 STEP7 - Micro/WIN32 编程软件选择常用软元件,合理编制梯形图串联/并联结构的一般方法。

技能目标:

(1)正确连接 PLC 的电源、区分输入端和输出端。

(2)正确选用按钮的常开触点、常闭触点接入 PLC 输入侧端子;正确选用 PLC 输出侧端子驱动指示灯。

（3）会使用 STEP7 - Micro/WIN32 新建、保存项目，能输入梯形图程序。

（4）会根据控制要求，合理规划硬件接线图，并进行 I/O 地址分配，设计软件程序。

（5）会编译程序、检查程序编写错误、检查上下位机通信和下载程序至 PLC 主机。

（6）会使用编程软件在线监控程序运行状况。

思政目标：

感知 PLC 在国内外的不同发展过程及趋势，树立艰苦奋斗，学习报国的信念。

2.3　相关知识链接

从本项目开始，我们要来学习 PLC 的编程方法等知识，但是目前主流 PLC 主要为欧系、美系与日系，国产 PLC 的应用层次还比较低，应用面还比较窄，正在经历从"跟踪研仿"到"创新引领"，从"解决有无"到"与国外同步"的跨越式发展历程。

（1）熟悉 PLC 编程软件。请尝试编写图 2 - 2 所示逻辑堆栈指令，作为触点的串/并联编程练习，体会梯形图的编写规则。在梯形图中，每一个网络只能有一个母线起点，多行程序分别写在不同网络里，程序编译才能正确。

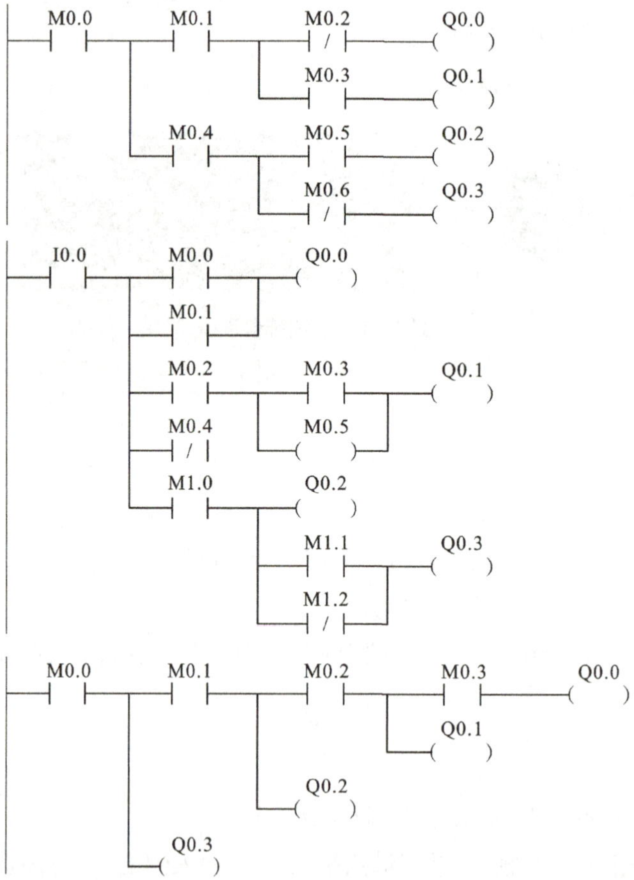

图 2 - 2　串/并联编程练习

（2）了解按钮的结构和工作过程。

①复合按钮。具有一对常开触点和一对常闭触点的按钮。复合按钮中的点动按钮，一般用于控制启动和停止。

②急停按钮。顾名思义，急停按钮就是发生紧急情况时用于使设备快速停止运行的按钮。在各种工厂里面的一些大中型机器设备或者电器上都可以看到醒目的红色按钮，只需直接向下压下此按钮，就可以让整台设备或一些传动部位立刻停止。再次启动设备前必须释放此按钮，如顺时针方向旋转大约45°后松开使按下的部分弹起等。为保障工业安全，要求凡是传动部位在发生异常的情况下会直接或者间接地对人体产生伤害的机器，都必须加以保护措施，急停按钮就是保护措施之一。因此在设计带有传动部位的机器时必须设置急停按钮，且要将按钮设置在操作人员可方便按下的机器表面，不能使其被遮挡。

点动按钮、自锁按钮和急停按钮的结构与动作特点如表2-1所示。

表2-1 按钮分类说明

名称	结构	动作特点
点动按钮（自复位按钮）	1、2—常闭触头；3、4—常开触头；5—桥式触头；6—按钮帽；7—复位弹簧	按钮被按下时，常闭触点先断开，随后常开触点闭合；松开后即刻复位至原始状态
自锁按钮（自保持按钮）		第一次按下按钮，常闭触点先断开，随后常开触点闭合；松开后保持。第二次按下按钮，复位至原始状态

续表

名称	结构	动作特点
急停按钮	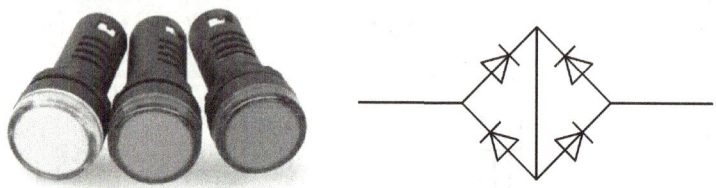 自动复位的急停按钮　　带自锁的急停按钮 （旋转或拔出复位）	带自锁的急停按钮需顺时针方向旋转大约45°后松开,令按下的部分弹起或拔出等使其复位

（3）了解常用指示灯。指示灯分为单色和双色等,经常用于显示电源通断与监视电路工作状态,具有体积小、价钱便宜、寿命长、可靠性高等特点。

一般单色指示灯为发光二极管,通常具有一对触点。图2-3所示为常见的指示灯外形及其内部电路,为该指示灯接线时可不区分正负端子。

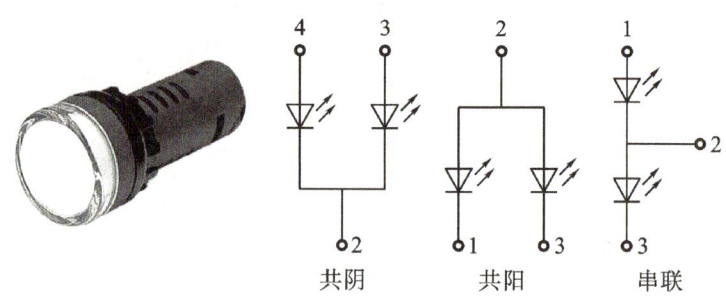

图2-3 指示灯外形及内部电路示意图

双色指示灯有3根接线,有共阴极,共阳极和串联三种不同的接法。双色 LED 外形和接法如图2-4所示。图2-5所示为采用双色指示灯的电路示例,当额定电压为5 V,输入电压为+5 V 时,VT1 导通,绿色 LED 发光,输入为 0 V 时,VT2 导通,红色 LED 发光。

共阴　　　共阳　　　串联

图2-4 双色指示灯外形及内部电路示意图

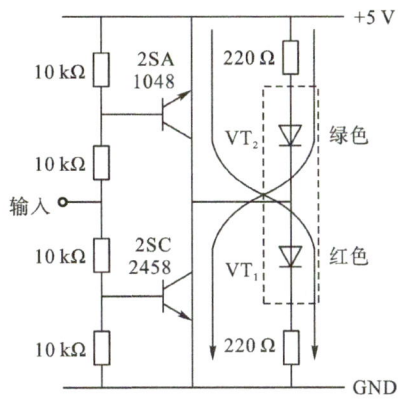

图 2－5　采用双色指示灯的电路示例

2.4　项目实施

1. 实训准备

（1）实训设备：

PLC 虚拟仿真系统；智能手机、电脑，机电综合实训室；西门子 S7－200 CPU226 一台，电源模块，按钮模块，编程计算机及电脑推车一套。

（2）软件环境：

PLC 虚拟仿真实训平台，线上教学软件，PLC 系统虚拟仿真动画。

2. 实施步骤

（1）识别按钮铭牌型号，注意区分点动按钮与自锁按钮，常开触点与常闭触点。

（2）识读指示灯的铭牌型号及参数。

（3）识别 PLC 主机的外部端子，会区分电源、输入端、输出端。

（4）连接 PLC 电源。

（5）连接 PLC 输入端子，写出本项目所接外部设备。

（6）连接 PLC 输出端子，写出本项目所接外部设备。

（7）画出 I/O 地址分配表。

（8）绘制硬件接线图。

（9）编制梯形图。

（10）程序的编译、语法检查及下载调试。

（11）程序的在线监控与项目验收演示。

（12）撰写项目报告书与总结反思。

3. 制订小组工作计划

根据以上任务要求和实施步骤，制订本小组的工作计划。

工作计划表

项目名称：_____　　　　　　　姓名：_____　　　　　　1/4

班级		组号		组长	
组员					
工作地点		任务日期		任务时长	
序号	计划名称	工作内容			完成度
1		分析控制要求： I/O 分配表： PLC 外设硬件接线： PLC 软件梯形图设计： 项目调试验收：			

序号	计划名称	工作内容	完成度
2		分析控制要求： I/O 分配表： PLC 外设硬件接线： PLC 软件梯形图设计： 项目调试验收：	

项目名称：_____ 　　　　　　姓名：_____ 　　　　　　3/4

序号	计划名称	工作内容	完成度
3		分析控制要求： I/O 分配表： PLC 外设硬件接线： PLC 软件梯形图设计： 项目调试验收：	

序号	计划名称	工作内容	完成度
4		分析控制要求： I/O 分配表： PLC 外设硬件接线： PLC 软件梯形图设计： 项目调试验收：	

2.5　项目验收考核

班级		姓名		得分	
任务名称		**评价标准**		**分数**	
辨别按钮及触点类型		回答说明正确		5	
识别指示灯型号		回答说明正确		5	
PLC 电源接线		回答及线色选择正确		5	
PLC 输入端子连线		接线规范、线色选择正确		10	
PLC 输出端子连线		接线规范、线色选择正确		10	
I/O 地址分配		合理		10	
绘制硬件接线图		绘制完整、布局合理		10	
编制梯形图		内容完整、正确		10	
程序下载		内容完整、正确		5	
程序调试		内容完整、正确		10	
PLC 系统运行演示与说明		内容完整、正确		10	
写项目报告书		内容完整、正确		10	

2.6　安全规范考评

序号	评价内容	评价标准	分数	得分
1	在完成工作任务过程中,操作是否符合安全操作规程	完全符合要求:15 分; 基本符合要求:10 分; 一般符合要求:5 分; 完全不符合要求:0 分	15	
2	工具摆放、物品包装、导线线头和坏线处置等是否符合职业岗位的要求	完全符合要求:5 分; 错误少于或等于 3 处:每错 1 处扣 1 分; 错误 3 处以上:0 分	5	
3	是否做到尊重师长,遵守实训纪律,爱惜实训室的设备和器材,保持工位的整洁	完全符合要求:10 分 (按实际情况酌情扣分)	10	
4	是否按时参加考勤和值日,行为是否符合职业规范	完全符合要求:70 分; 考勤不合格扣 60 分; 未参加值日扣 10 分; 不符合职业规范的行为,视情节酌扣 5~10 分	70	
合计			100	

2.7 课后思考与练习

1.用两个开关控制三个灯,要求:开关 1 控制灯 1,开关 2 控制灯 2;灯 1 和灯 2 不能同时亮,二者都不亮时灯 3 亮。I/O 分配表如表 2-2 所示。

表 2-2 I/O 分配表

输入信号	信号元件及作用	元件或端子位置
I0.0	开关 1	基本指令实验区
I0.1	开关 2	
输出信号	控制对象及作用	元件或端子位置
Q0.0	A:灯 1	基本指令实验区
Q0.1	B:灯 2	
Q0.2	C:灯 3	

2.生产实际中有时需要设计一种电路,要求设备启动时绿灯亮,设备停止时红灯亮,设备启动后若按下急停按钮则黄灯亮。

(1)设计简易控制电路,满足以上要求;

(2)思考:如何将以上控制电路升级改造为由 PLC 系统控制的电路,画出硬件接线图,进行 I/O 分配,并编制梯形图。

课后 小结

三相交流异步电动机的 PLC 控制

3.1 项目描述

现有 1 台 PLC、按钮若干、指示灯若干,要求通过 PLC 用按钮控制电动机工作,设计控制电路时注意输出侧以指示灯替代接触器线圈,请依次完成以下任务。

任务 1:电动机的点动控制。

任务 2:电动机的长动控制,传统继电器－接触器系统电动机长动控制电路如图 3－1 所示。

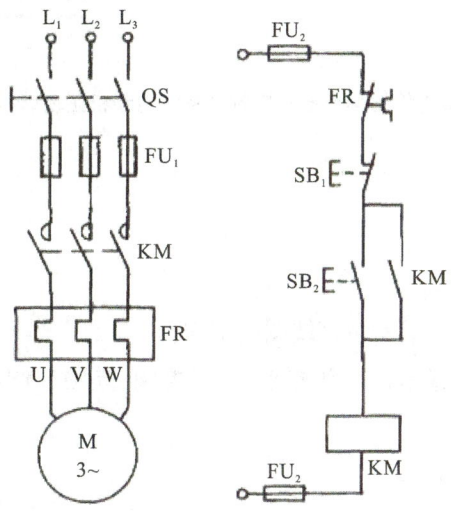

图 3－1 传统继电器－接触器系统电动机长动控制电路

任务 3:电动机的点/长动控制,传统继电器－接触器系统电动机点/长动并存的控制电路如图 3－2 所示。

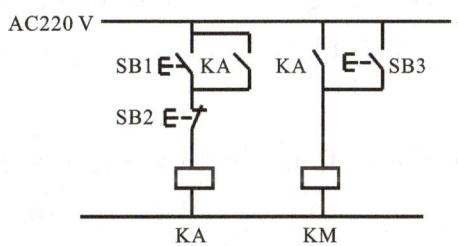

图 3－2 传统继电器－接触器系统电动机点/长动并存的控制电路

任务4：电动机的正反转控制，传统继电器－接触器系统电动机正反转控制电路如图3－3所示。

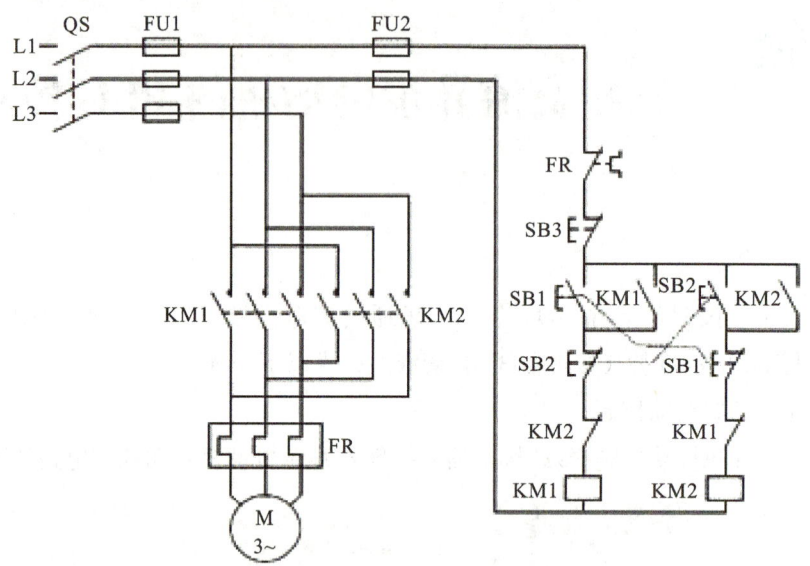

图3－3　传统继电器－接触器系统电动机正反转控制电路

3.2　项目目标

知识目标：

（1）掌握电气原理图变换成安装接线图的知识。

（2）通过实训进一步加深理解点动控制、自锁控制、互锁控制的特点以及在机床控制中的应用。

技能目标：

（1）正确完成三相异步电动机点动控制、长动自锁控制、正反转互锁控制线路的实际安装接线，掌握电气控制线路的故障分析及排除方法。

（2）会根据控制要求，合理规划硬件接线图，并进行I/O地址分配，设计软件程序。

（3）会编译程序、检查程序编写错误、检查上/下位机通信和下载程序至PLC主机。

（4）会使用编程软件在线监控程序运行状况。

思政目标：

通过认识蕴藏在电与磁中的相互作用，领悟"电动机把负载驱动，发电机变压器把电能远送"的深刻内涵。

3.3　相关知识链接

　　三相异步电动机具有结构简单、坚固耐用、价格便宜和维修方便等优点,在生产实际中获得了广泛的应用。小型三相异步电机简单、经济、可靠,所需电气设备少,启动方式有点动和长动两种。所谓点动,即按下按钮时电机启动工作,松开按钮时电机停止工作。点动控制多用于机床刀架、横梁等场合;如果要求电机在启动后连续地运行,需采用具有自锁环节的控制电路,简称为长动。电动机正反转时,为避免电源短路,须使用硬件互锁和软件互锁保护,触点的相互制约关系称为"互锁"或"联锁"。本项目所含设备及相关控制电路如图3-4所示。

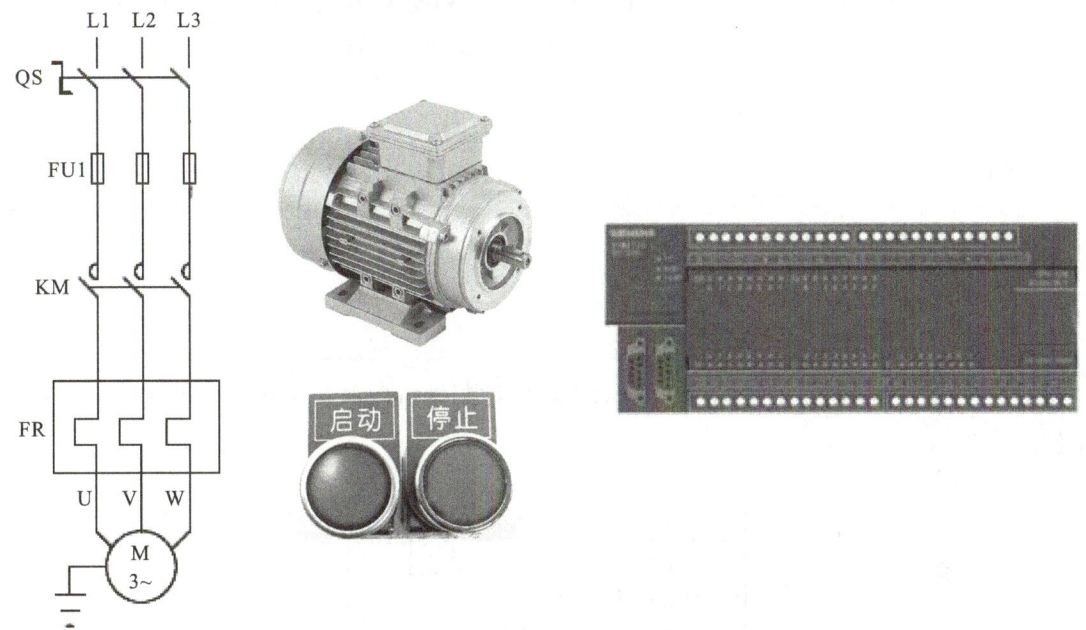

图3-4　系统所含设备及控制电路

　　翻译法是将继电器的控制逻辑图直接翻译成梯形图,常用于对传统工业技术的改造。原有的继电器控制系统的控制逻辑图在长期的运行实践中,已证明其设计合理性及运行可靠性。在这种情况下可采用翻译法直接把该系统的继电器控制逻辑图翻译成PLC控制梯形图。

　　继电器控制系统和PLC控制系统实现逻辑控制的方式不同。继电器控制逻辑由继电器硬件连线组成,PLC控制逻辑由程序组成。PLC利用程序中的"软继电器"取代传统的物理硬件继电器,使控制系统的硬件结构大大简化,具有价格便宜、维护方便、编程简单、控制功能强大等优点。

　　翻译法设计PLC程序的步骤如下。

　　(1)了解和熟悉被控设备的工艺过程和机械的动作情况,根据继电器电路图分析和掌握控制系统的工作原理。

（2）PLC 的 I/O 地址分配。确定系统的输入设备和输出设备，进行 PLC 的 I/O 地址分配，画出 PLC 外部接线图。

常用的输入器件和设备包括主令器件和检测器件两大类，如按钮、选择开关、数字开关、行程开关、接近开关、光电开关、继电器触点、接触器辅助触点等。输出设备主要有接触器、继电器、电磁阀、指示灯、数字显示装置、电铃、蜂鸣器等。

（3）和继电器系统一一对应选择 PLC 软件中功能相同的器件。

（4）根据继电器控制逻辑图画出梯形图。梯形图便是以图形符号及图形符号在图中的相互关系表示控制关系的编程语言。梯形图和继电器电路部分符号对应关系如表 3－1 所示。

（5）简化和修改梯形图，使其符合 PLC 的特殊规定和要求，注意"左重右轻"原则。

表 3－1　部分继电器电路符号与梯形图符号对应关系

符号名称	继电器电路符号	梯形图符号
常开触点		
常闭触点		
线圈		

图 3－5 展示了一个采用翻译法将电动机启停控制继电器电路改造为 PLC 控制梯形图的示例。

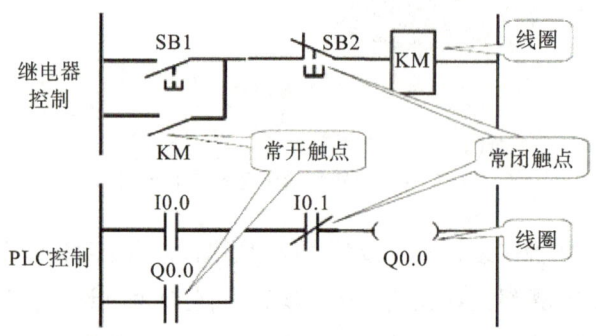

图 3－5　采用翻译法将电动机启停控制继电器电路改造为 PLC 控制梯形图

3.4　项目实施

1. 实训准备

（1）实训设备：

PLC 虚拟仿真系统；智能手机、电脑，机电综合实训室；西门子 S7－200CPU226 一台，电源模块，按钮模块，编程计算机及电脑推车一套。

（2）软件环境：

PLC 虚拟仿真实训平台,线上教学软件,PLC 系统虚拟仿真动画。

2. 实施步骤

（1）连接 PLC 电源。

（2）连接 PLC 输入端子,写出本项目所接外部设备。

（3）连接 PLC 输出端子,写出本项目所接外部设备。

（4）画出 I/O 地址分配表。

（5）绘制硬件接线图。

（6）编制梯形图。

（7）程序的编译、语法检查及下载调试。

（8）程序的在线监控与项目验收演示。

（9）撰写项目报告书与总结反思。

3. 制订小组工作计划

根据以上任务要求和实施步骤,制订本小组的工作计划。

工作计划表

项目名称：＿＿＿＿＿＿＿＿＿＿＿＿　　　　　　　　姓名：＿＿＿＿＿＿＿＿　　　　　　　　1/4

班级		组号		组长	
组员					
工作地点		任务日期		任务时长	
序号	计划名称	工作内容		完成度	
1		分析控制要求： I/O 分配表： PLC 外设硬件接线： PLC 软件梯形图设计： 项目调试验收：			

序号	计划名称	工作内容	完成度
2		分析控制要求： I/O 分配表： PLC 外设硬件接线： PLC 软件梯形图设计： 项目调试验收：	

项目名称:＿＿＿＿＿＿＿＿＿＿＿＿   姓名:＿＿＿＿＿＿＿＿

序号	计划名称	工作内容	完成度
3		分析控制要求:	
		I/O 分配表:	
		PLC 外设硬件接线:	
		PLC 软件梯形图设计:	
		项目调试验收:	

序号	计划名称	工作内容	完成度
4		分析控制要求： I/O 分配表： PLC 外设硬件接线： PLC 软件梯形图设计： 项目调试验收：	

3.5　项目验收考核

班级		姓名		得分	
任务名称		评价标准		分数	
PLC 电源接线		回答及线色选择正确		10	
PLC 输入端子连线		接线规范、线色选择正确		10	
PLC 输出端子连线		接线规范、线色选择正确		10	
I/O 地址分配		合理		10	
硬件接线图		绘制完整、布局合理		10	
梯形图编制		内容完整、正确		10	
程序下载		内容完整、正确		10	
程序调试		内容完整、正确		10	
PLC 系统运行演示与说明		内容完整、正确		10	
项目报告书		内容完整、正确		10	

3.6　安全规范考评

序号	评价内容	评价标准	分数	得分
1	在完成工作任务过程中,操作是否符合安全操作规程	完全符合要求:15 分; 基本符合要求:10 分; 一般符合要求:5 分; 完全不符合要求:0 分	15	
2	工具摆放、物品包装、导线线头和坏线处置等是否符合职业岗位的要求	完全符合要求:5 分; 错误少于或等于 3 处:每错 1 处扣 1 分; 错误 3 处以上:0 分	5	
3	是否做到尊重师长,遵守实训纪律,爱惜实训室的设备和器材,保持工位的整洁	完全符合要求:10 分 (按实际情况酌情扣分)	10	
4	是否按时参加考勤和值日,行为是否符合职业规范	完全符合要求:70 分; 考勤不合格扣 60 分; 未参加值日扣 10 分; 不符合职业规范的行为,视情节扣 5~10 分	70	
合计			100	

3.7　课后思考与练习

1. PLC 的数字量输入端可以接(　　　)。

　A. 选择开关　　　　　　　B. 继电器　　　　　　　　C. 指示灯　　　　　　　D. 接触器

2. PLC 的输出端可以接(　　　)、接触器、电磁阀等。

　A. 行程开关　　　　　　　B. 按钮　　　　　　　　　C. 指示灯　　　　　　　D. 选择开关

3. PLC 的编程语言有(　　　)、(　　　)、(　　　)、顺序功能图、结构文本等几种形式。

4. (　　　)的线圈不能出现在程序中。

　A. 输出继电器　　　　　　B. 辅助继电器　　　　　　C. 定时器　　　　　　　D. 输入继电器

5. 下列对 PLC 的编程规则叙述不正确的是(　　　)。

　A. PLC 程序编写时从左母线开始,按照自上而下、自左至右的顺序编程

　B. 编程时每个元件都要有标号,表示其地址

　C. 触点不能放在线圈的右侧,两个线圈不能并联

　D. 串联多的电路应尽量放在上面,并联多的支路应靠近左母线

6. 如何实现电动机的长动控制？哪种梯形图结构叫"自锁"？

7. 如何实现电动机的正反转控制？哪种梯形图结构叫"互锁"？如何区分按钮触点互锁与接触器触点互锁？

8. 如何实现简单的启停控制？画出两种不同的接线方式和相应梯形图。

课后小结

PLC 控制的抢答器的设计

4.1 项目描述

图 4-1 所示抢答器控制系统一共有 3 个抢答席和 1 个主持人席,每个抢答席上各有 1 个抢答按钮和一个抢答指示灯。参赛者在允许抢答时,第一个按下抢答按钮的抢答席上的指示灯亮,且释放抢答按钮后,指示灯仍然

双线圈输出和
优先级问题探讨

亮;此后另外两个抢答席上再按各自的抢答按钮,其指示灯不会亮。这样主持人就可以根据指示灯知道谁第一个按下了抢答器。该题抢答结束后,主持人按下主持席上的复位按钮,指示灯熄灭,又可以进行下一轮的抢答比赛。

图 4-1 三人抢答场景示意图

控制要求分析:

参加抢答的参赛者桌上各有一只抢答按钮,分别为 SB1、SB2 和 SB3,用 3 盏灯 L1、L2 和 L3 显示他们的抢答信号。当主持人接通抢答允许开关 SA1 后抢答开始,最先按下按钮的抢答者对应的灯亮,与此同时,禁止另外两个抢答者的灯亮。主持人按下复位开关 SA2 后指示灯熄灭。

4.2 项目目标

知识目标:

(1)掌握抢答器的相关知识。

(2)通过实训进一步加深理解点动按钮和指示灯的应用。

技能目标：

(1)正确进行抢答器硬件电路的设计。

(2)会根据控制要求,合理分配I/O地址,设计软件程序。

(3)会编译程序、检查程序编写错误、检查上下位机通信和下载程序至PLC主机。

(4)会使用编程软件在线监控程序运行状况。

思政目标：

(1)通过组内分工、组间竞争的实训操作,树立互相帮助、互相学习、团队协作、乐业敬业的工作作风。

(2)在巩固和加深专业知识的同时,培养敬业、精益、专注、创新的工匠精神。

4.3 相关知识链接

在设计控制系统时,不同软元件之间往往存在"联锁关系"。这样的"联锁关系"有以下3种情况。

(1)采用PLC中某个软元件的"常开"或"常闭"状态,作为某事件发生的前提条件之一。在梯形图中,将处于某状态触点的信号与控制某事件的输出串联,表明将该信号处于此状态的触点作为该事件发生的前提。以停止信号状态信息控制启动状态标志位为例,梯形图如图4-2所示。当启动信号动作,停止信号无动作时,启动状态标志位置1并自锁保持;若随后停止信号动作,启动状态标志位被清零。图中启动信号($I0.0$)"常开"触点、停止信号($I0.1$)"常闭"触点与启动状态标志位($M0.0$)串联,表明输入信号$I0.0 = 1$,$I0.1 = 0$是输出线圈$M0.0 = 1$并自锁的前提;输入信号$I0.1 = 1$是输出线圈$M0.0 = 0$的前提。

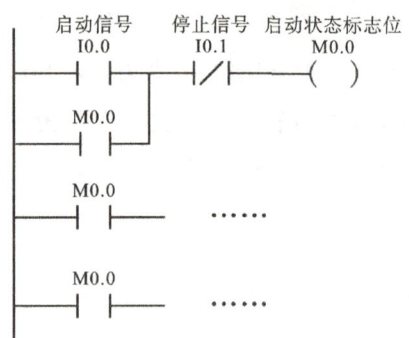

图4-2 "前提"性质的联锁关系举例图

(2)当输入信号之间存在竞争时,可以将输入信号的触点"互锁",使系统优先响应当前输入,即时动作。以图4-3所示梯形图为例,在梯形图中可以看出,按钮1的信号$I0.0$和按钮2的信号$I0.1$之间存在竞争:若按下按钮1后松开,按钮2无动作,则$Q0.0 = 1$,同时严格保证

Q0.1 = 0;若按下按钮2后松开,按钮1无动作,则 Q0.1 = 1,同时严格保证 Q0.0 = 0;若同时按下按钮1和按钮2则理论上 Q0.0 = Q0.1 = 0。

　　实际操作中,手动按下两个按钮,几乎不可能做到精准地"同时"松开。这种"联锁"方式下,松开时间稍晚的按钮可以获得响应。

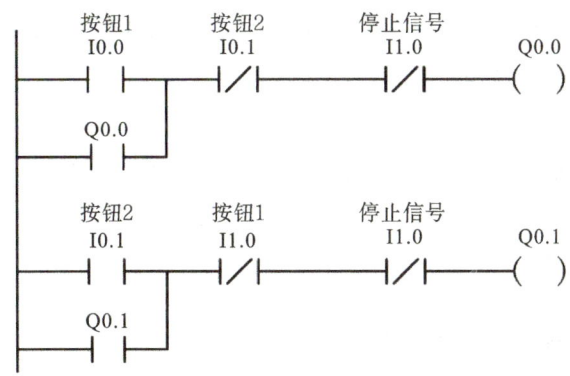

图4-3　"输入信号互锁"联锁关系举例

　　(3)将输出信号的触点"互锁",使其控制执行的动作或产生的状态结果非此即彼(互斥),以保证系统在同一时间只有一种动作或状态响应。以图4-4所示梯形图为例,在梯形图中可以看出,灯1和灯2不能同时工作,灯1的信号 Q0.0 和灯2的信号 Q0.1 之间存在"互锁":若按下按钮1后松开,按钮2无动作,则 Q0.0 = 1,同时严格保证 Q0.1 = 0;若按下按钮2后松开,按钮1无动作,则 Q0.1 = 1,同时严格保证 Q0.0 = 0;若同时按下按钮1和按钮2,则理论上 Q0.0 = Q0.1 = 0。

　　实际操作中,手动按下两个按钮,几乎不可能做到精准"同时"按下。这种"联锁"方式下,按下时间稍早的按钮可以获得响应。

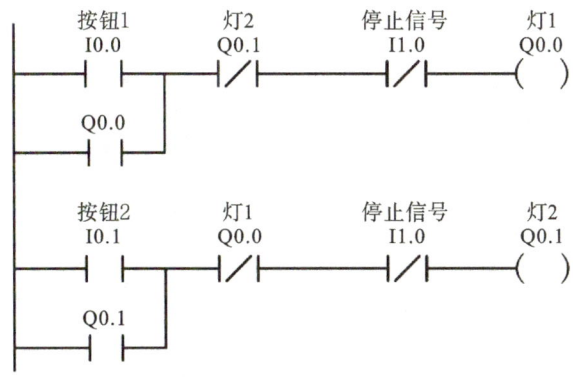

图4-4　"输出信号互锁"联锁关系举例

4.4 项目实施

1. 实训准备

(1) 实训设备：

PLC 虚拟仿真系统；智能手机、电脑，机电综合实训室；西门子 S7 – 200CPU226 一台，电源模块，按钮模块，编程计算机及电脑推车一套。

(2) 软件环境：

PLC 虚拟仿真实训平台，线上教学软件，PLC 系统虚拟仿真动画。

2. 实施步骤

(1) 连接 PLC 电源。

(2) 连接 PLC 输入端子，写出本项目所接外部设备。

(3) 连接 PLC 输出端子，写出本项目所接外部设备。

(4) 画出 I/O 地址分配表。

(5) 绘制硬件接线图。

(6) 编制梯形图。

(7) 程序的编译、语法检查及下载调试。

(8) 程序的在线监控与项目验收演示。

(9) 撰写项目报告书与总结反思。

3. 制订小组工作计划

根据以上任务要求和实施步骤，制订本小组的工作计划。

工作计划表

项目名称：_____　　　　　　　姓名：_____　　　　　1/2

班级		组号		组长	
组员					
工作地点		任务日期		任务时长	
序号	计划名称	工作内容			完成度
1		分析控制要求： I/O 分配表： PLC 外设硬件接线： PLC 软件梯形图设计： 项目调试验收：			

序号	计划名称	工作内容	完成度
2		分析控制要求： I/O 分配表： PLC 外设硬件接线： PLC 软件梯形图设计： 项目调试验收：	

4.5　项目验收考核

班级		姓名		得分	
任务名称		评价标准		分数	
PLC 电源接线		回答及线色选择正确		10	
PLC 输入端子连线		接线规范、线色选择正确		10	
PLC 输出端子连线		接线规范、线色选择正确		10	
I/O 地址分配		合理		10	
硬件接线图		绘制完整、布局合理		10	
梯形图编制		内容完整、正确		10	
程序下载		内容完整、正确		10	
程序调试		内容完整、正确		10	
PLC 系统运行演示与说明		内容完整、正确		10	
项目报告书		内容完整、正确		10	

4.6　安全规范考评

序号	评价内容	评价标准	分数	得分
1	在完成工作任务过程中,操作是否符合安全操作规程	完全符合要求:15分; 基本符合要求:10分; 一般符合要求:5分; 完全不符合要求:0分	15	
2	工具摆放、物品包装、导线线头和坏线处置等是否符合职业岗位的要求	完全符合要求:5分; 错误少于或等于3处:每错1处扣1分; 错误3处以上:0分	5	
3	是否做到尊重师长,遵守实训纪律,爱惜实训室的设备和器材,保持工位的整洁	完全符合要求:10分 (按实际情况酌情扣分)	10	
4	是否按时参加考勤和值日,行为是否符合职业规范	完全符合要求:70分; 考勤不合格扣60分; 未参加值日扣10分; 不符合职业规范的行为,视情节扣5~10分	70	
合计			100	

4.7 课后思考与练习

思考:如图4-5所示的四人抢答器如何设计,试画出硬件接线图与I/O分配表,并编程调试。

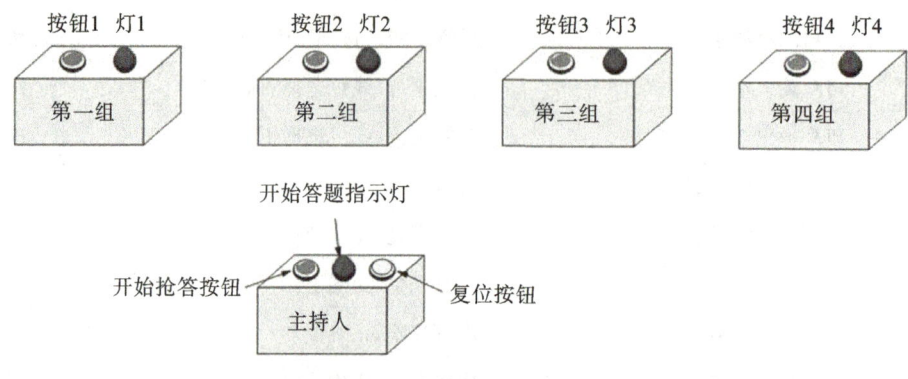

图4-5 四人抢答器场景示意图

有始有终——启停控制的几种方法

B2.1 项目描述

应用边沿脉冲指令、置位/复位指令,完成以下任务并填写表 B2-1。

任务 1:设计一个单按钮控制电动机启停的电路,即第一次按下该按钮,电动机启动,第二次按下该按钮,电动机停止,其外围电路如图 B2-1 所示。为了节约 PLC 的 I/O 点数,将电动机的过载保护 FR 接在 PLC 输出电路中。

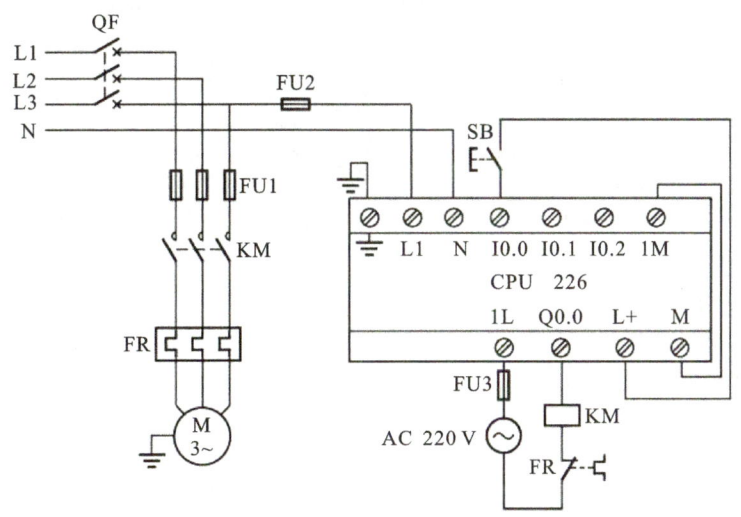

图 B2-1 单按钮启停电路

任务 2:某台设备有两台电动机 M1 和 M2,为了减小两台电动机同时启动对供电电路的影响,请设计电路让 M2 延时启动。按下启动按钮,M1 启动,延缓几秒松开启动按钮,M2 才启动;按下停止按钮,M1 先停止,延缓几秒松开停止按钮,M2 才停止。当电动机发生过载时,电动机停止运行。电气原理图如图 B2-2 所示。

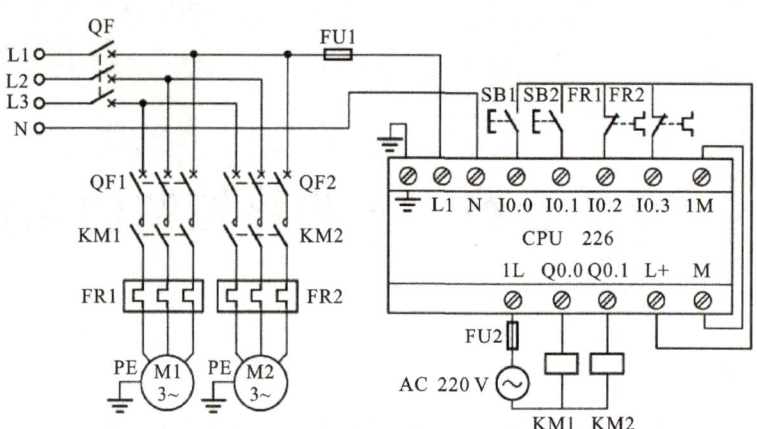

图 B2-2　两台电机顺序启动控制的电气原理图

表 B2-1　启停控制的几种方法

启停控制方法		梯形图举例说明	网络数	时序图
方法一： 自锁 （项目3）		1 电动机启保停程序 I0.0　　I0.1　　Q0.0 Q0.0 (a) 梯形图　　(b) 语句表 1 电动机启保停程序 LD　I0.0 O　　Q0.0 AN　I0.1 =　　Q0.0		
方法二： 置位/复位				
方法三： 边沿脉冲	双按钮 启停			
	单按钮 启停			

续表

启停控制方法	梯形图举例说明	网络数	时序图
方法四： 数据传送指令 （项目9）			

B2.2　项目目标

知识目标：

(1)掌握PLC系统中启保停电路的设计方法。

(2)通过实训进一步加深理解点动按钮和指示灯的应用。

技能目标：

(1)正确进行多种启停控制方法的设计。

(2)会根据控制要求,合理分配I/O地址,设计软件程序。

(3)会编译程序、检查程序编写错误、检查上下位机通信和下载程序至PLC主机。

(4)会使用编程软件在线监控程序运行状况。

思政目标：

树立大局意识、系统思维和全局观念,立足岗位,敬业团结。

B2.3　相关知识链接

脉冲输出指令用于在某信号的上升沿或下降沿产生一个周期的脉冲信号,从而使信号变窄。它包括正跳变(上升沿)指令和负跳变(下降沿)指令,它们的指令格式及功能说明如表B2-2所示。

表 B2-2　正跳变指令和负跳变指令功能说明

指令名称	LAD	STL	功能	操作数
正跳变	—|P|—	EU	在输入信号上升沿产生一个扫描周期的脉冲输出	无
负数变	—|N|—	ED	在输入信号下降沿产生一个扫描周期的脉冲输出	无

如图 B2-3(a),闭合 I0.0 时,Q0.0 得电;闭合 I0.1 时,Q0.0 仍得电,只有当断开 I0.1 时,Q0.0 才会失电。其语句表和时序图如图 B2-3(b)和图 B2-3(c)所示。

在图 B2-3(c)中,正跳变指令 EU 在输入信号 I0.0 的上升沿产生一个扫描周期的脉冲输出;负跳变指令 ED 在输入信号 I0.1 的下降沿产生一个扫描周期的脉冲输出。当按下按钮 I0.0 时,EU 产生一个扫描周期的脉冲,通过置位指令 S 让 Q0.0 得电,Q0.0 输出指示灯亮,即使手松开 I0.0,由于 S 的置位作用,Q0.0 仍得电;当按下按钮 I0.1 时,ED 并不产生脉冲,只有松开按钮 I0.1 时,ED 指令才产生一个扫描周期的脉冲,通过复位指令 R 对 Q0.0 复位,Q0.0 输出指示灯熄灭。

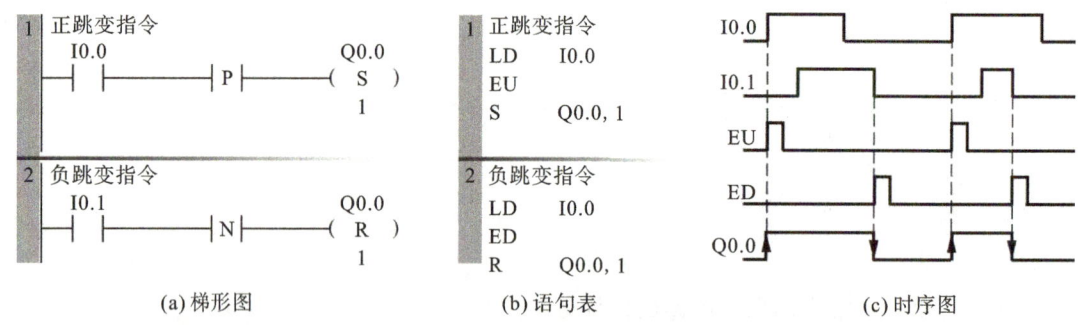

(a) 梯形图　　　　　(b) 语句表　　　　　(c) 时序图

图 B2-3　EU 和 ED 指令举例

边沿脉冲指令用法如下:

(1)EU(上升沿)指令用于检测正跳变。该指令仅在输入信号由 0 变为 1 时,输出一个扫描周期的脉冲。

(2)ED(下降沿)指令用于检测负跳变。该指令仅在输入信号由 1 变为 0 时,输出一个扫描周期的脉冲。

(3)因为 EU 和 ED 指令需要在断开到接通或者接通到断开之间转换时生效,所以对于开机时就为接通状态的输入条件,EU、ED 指令不执行。

(4)EU、ED 指令常与 S/R 指令连用。

边沿脉冲指令的工作过程可以等效为一般指令的工作过程。图 B2-4 所示为上升沿指令的等效程序,及采用三段法分析输入信号有跳变的区域按照程序扫描原则得出其输出时序图的过程。

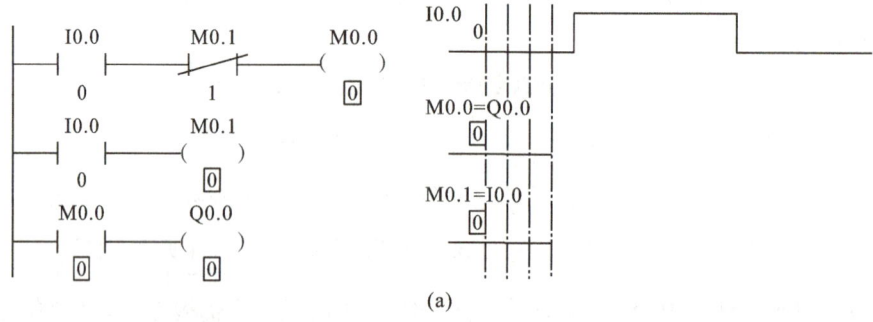

(a)

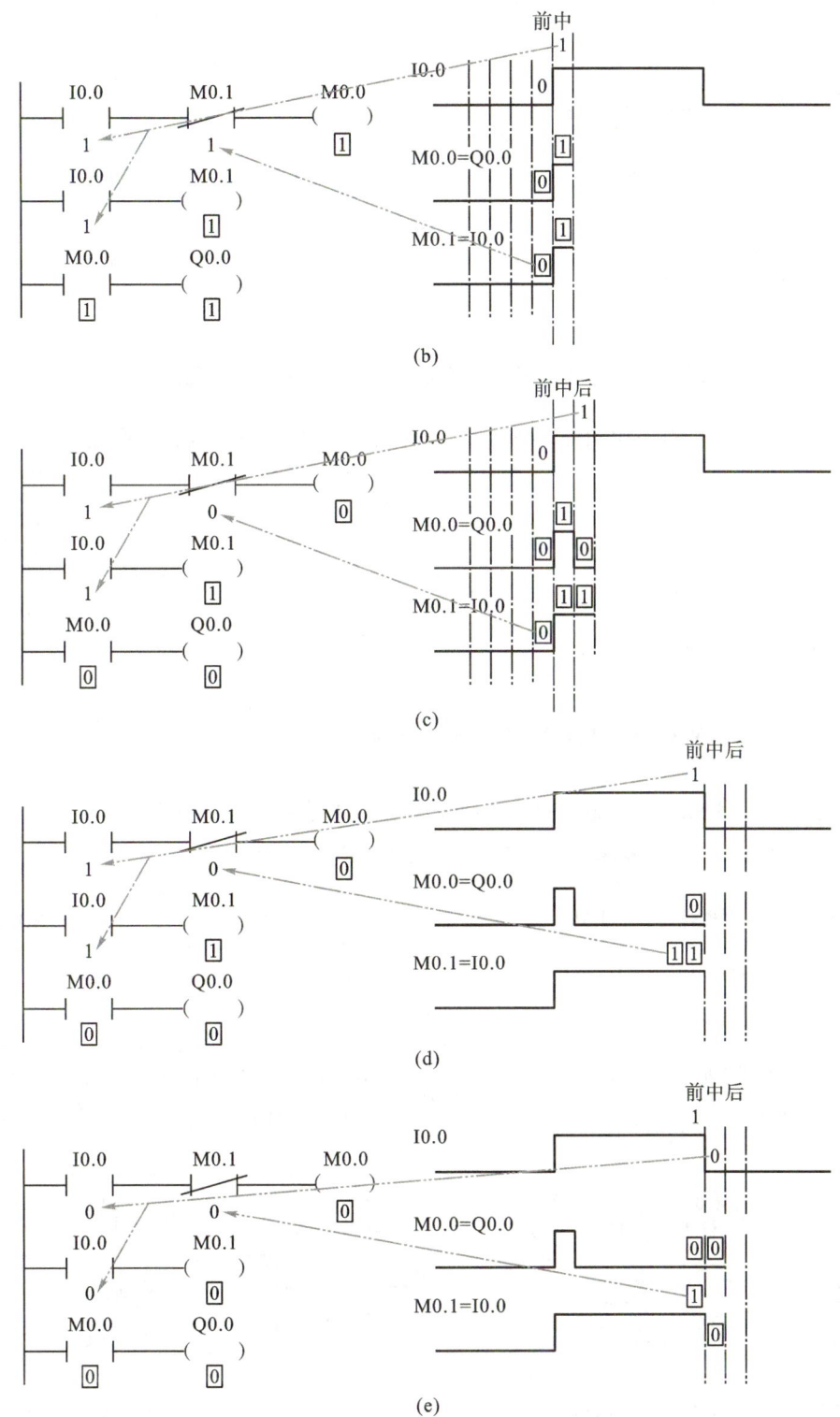

(b)

(c)

(d)

(e)

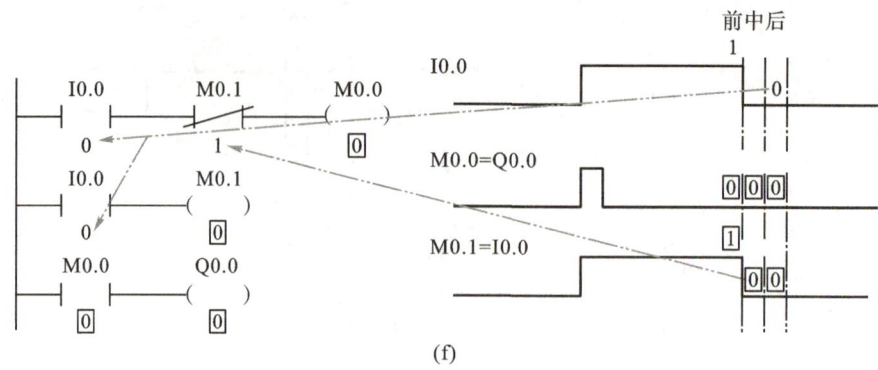

图 B2－4　上升沿指令的等效一般指令程序的工作过程分析

下降沿指令的等效程序如图 B2－5 所示,请同学们按照三段法试着分析输出时序图。

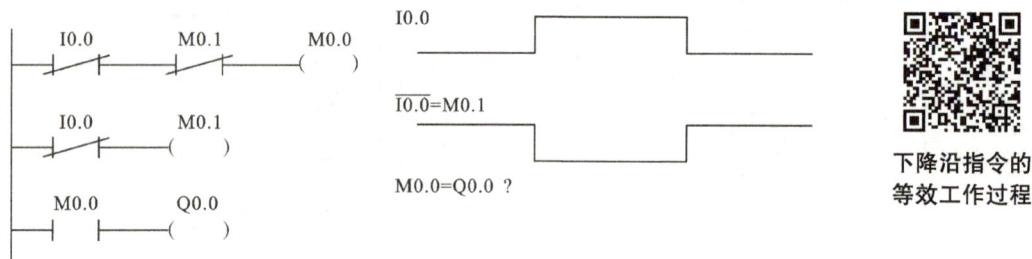

下降沿指令的等效工作过程

图 B2－5　下降沿指令的等效一般指令程序

置位与复位指令格式及功能说明如表(B2－3)所示,程序示例如图 B2－6 所示。

表 B2－3　置位与复位指令格式与功能说明表

指令名称	数据类型	LAD	STL	功能	操作数
置位	*bit*,BOOL *N*,字节	*bit* —(S) *N*	S　*bit*,*N*	从起始开始连续 *N* 位被置位(变为 ON)	Q、V、M、SM、S、T、C、L
复位	*bit*,BOOL *N*,字节	*bit* —(R) *N*	R　*bit*,*N*	从起始开始连续 *N* 位被置位(变为 OFF)	Q、V、M、SM、S、T、C、L

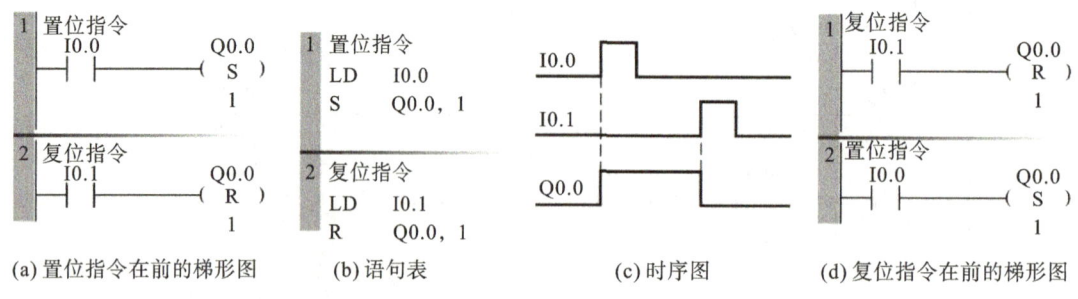

(a) 置位指令在前的梯形图　　(b) 语句表　　(c) 时序图　　(d) 复位指令在前的梯形图

图 B2－6　置位、复位指令举例

指令说明如下：

（1）置位指令和复位指令用于将从指定起始位开始的 N 个连续的位地址置位（变为 ON）或复位（变为 OFF）, $N = 1 \sim 255$。

（2）置位、复位指令具有记忆和保持功能，某一元件一旦被置位，就始终保持得电状态，直到对它进行复位为止，一旦被复位，就始终保持复位状态，直到重新被置位。

（3）如果被指定复位的是定时器（T）或计数器（C），则该指令将对定时器或计数器的位进行复位，并清除定时器/计数器的当前值。

（4）置位、复位指令通常成对使用，两个指令之间可以插入别的程序段。置位、复位指令也可单独使用。

（5）在图 B2 - 6（a）中，如果 I0.0 和 I0.1 同时闭合，则 Q0.0 失电；在图 B2 - 6（d）中，如果 I0.0 和 I0.1 同时闭合，则 Q0.0 得电。因为梯形图中的程序是按照自上而下的顺序执行的，所以 Q0.0 的最终结果取决于梯形图最后的程序段（最后优先级最高）。

B2.4　项目实施

1. 实训准备

（1）实训设备：

PLC 虚拟仿真系统；智能手机、电脑，机电综合实训室；西门子 S7 - 200CPU226 一台，电源模块，按钮模块，编程计算机及电脑推车一套。

（2）软件环境：

PLC 虚拟仿真实训平台，线上教学软件，PLC 系统虚拟仿真动画。

2. 实施步骤

（1）写出 PLC 的基本构成。

（2）识读 PLC 的铭牌型号。

（3）识别 PLC 主机的外部端子，会区分电源、输入端、输出端。

（4）连接 PLC 电源。

（5）连接 PLC 输入端子，写出可接外部设备类型。

（6）连接 PLC 输出端子，写出可接外部设备类型。

（7）连接 PLC 通信线缆。

（8）安装编程软件。

（9）编制梯形图。

（10）程序的编译、语法检查及下载调试。

(11)程序的在线监控。

(12)PLC 系统的维护与保养。

3.制订工作计划

根据以上任务要求和实施步骤,制订本小组的工作计划。

工作计划表

项目名称：_____ 　　　　　　　　　姓名：_____

班级		组号		组长	
组员					
工作地点		任务日期		任务时长	
序号	计划名称	工作内容			完成度
1		分析控制要求： I/O 分配表： PLC 外设硬件接线： PLC 软件梯形图设计： 项目调试验收：			

序号	计划名称	工作内容	完成度
2		分析控制要求： I/O 分配表： PLC 外设硬件接线： PLC 软件梯形图设计： 项目调试验收：	

项目名称:_____ 姓名:_____

序号	计划名称	工作内容	完成度
3		分析控制要求: I/O 分配表: PLC 外设硬件接线: PLC 软件梯形图设计: 项目调试验收:	

序号	计划名称	工作内容	完成度
4		分析控制要求： I/O 分配表： PLC 外设硬件接线： PLC 软件梯形图设计： 项目调试验收：	

B2.5　项目验收考核

班级		姓名		得分	
任务名称		**评价标准**		**分数**	
PLC 电源接线		回答及线色选择正确		10	
PLC 输入端子连线		接线规范、线色选择正确		10	
PLC 输出端子连线		接线规范、线色选择正确		10	
I/O 地址分配		合理		10	
硬件接线图		绘制完整、布局合理		10	
梯形图编制		内容完整、正确		10	
程序下载		内容完整、正确		10	
程序调试		内容完整、正确		10	
PLC 系统运行演示与说明		内容完整、正确		10	
项目报告书		内容完整、正确		10	

B2.6　安全规范考评

序号	评价内容	评价标准	分数	得分
1	在完成工作任务过程中,操作是否符合安全操作规程	完全符合要求:15 分; 基本符合要求:10 分; 一般符合要求:5 分; 完全不符合要求:0 分	15	
2	工具摆放、物品包装、导线线头和坏线处置等是否符合职业岗位的要求	完全符合要求:5 分; 错误少于或等于 3 处:每错 1 处扣 1 分; 错误 3 处以上:0 分	5	
3	是否做到尊重师长,遵守实训纪律,爱惜实训室的设备和器材,保持工位的整洁	完全符合要求:10 分 (按实际情况酌情扣分)	10	
4	是否按时参加考勤和值日,行为是否符合职业规范	完全符合要求:70 分; 考勤不合格扣 60 分; 未参加值日扣 10 分; 不符合职业规范的行为,视情节扣 5~10 分	70	
合计			100	

B2.7 课后思考与练习

1. 分析在启保停控制中,PLC 外部硬件接线与梯形图程序之间的联系。

I/O 分配	外部接线	启保停梯形图程序
输入信号: ( )—I0.0 ( )—I0.1 ( )—I0.2	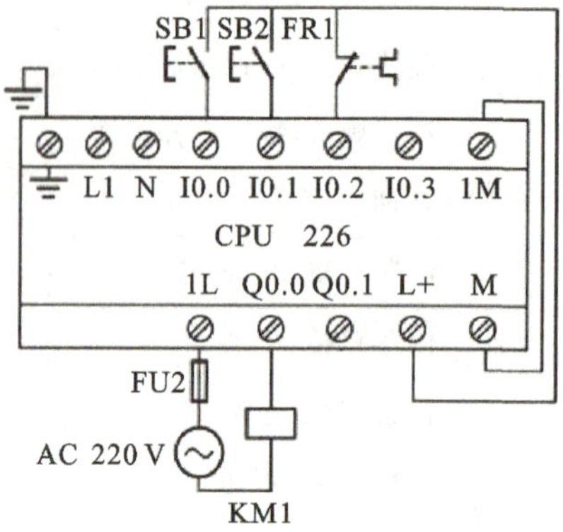 SB1 SB2 FR1 L1 N I0.0 I0.1 I0.2 I0.3 1M CPU 226 1L Q0.0 Q0.1 L+ M FU2 AC 220 V KM1	
输出信号: ( )—Q0.0	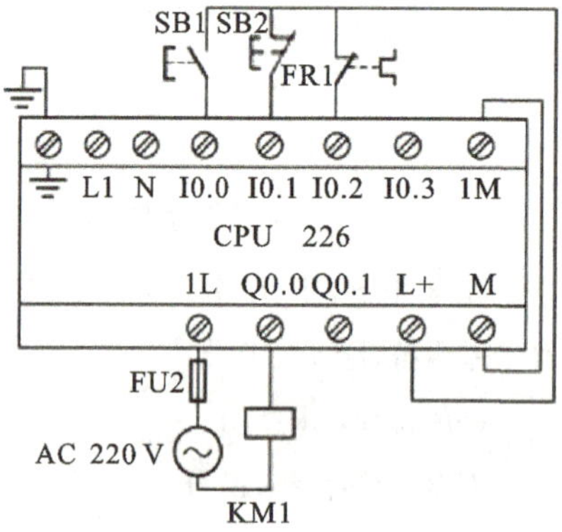 SB1 SB2 FR1 L1 N I0.0 I0.1 I0.2 I0.3 1M CPU 226 1L Q0.0 Q0.1 L+ M FU2 AC 220 V KM1	

2. 如何用边沿脉冲指令实现两台电动机的顺序启动、逆序停止,试画出硬件接线图与 I/O 分配表,并编程调试。

3. 思考在一般程序设计中,常开触点和常闭触点的作用。

4. 查找收集多种控制程序,观察启停控制在程序段中的位置。思考如何在程序中运用启停控制。

定时器控制及其应用

5.1 任务描述

任务1:单台电动机的星-三角降压启动控制原理图如图5-1所示,请用 PLC 控制替代原来的继电器-接触器控制电路。

香港回归计时

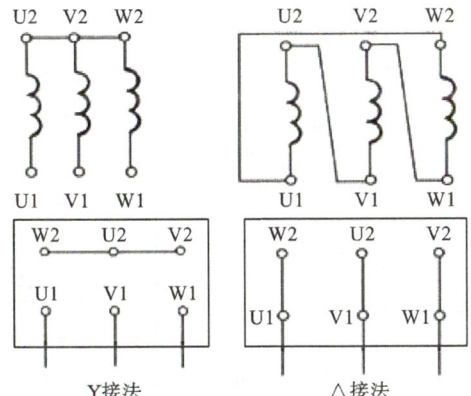

Y接法   △接法

KM3主触点闭合Y接法   KM2主触点闭合△接法

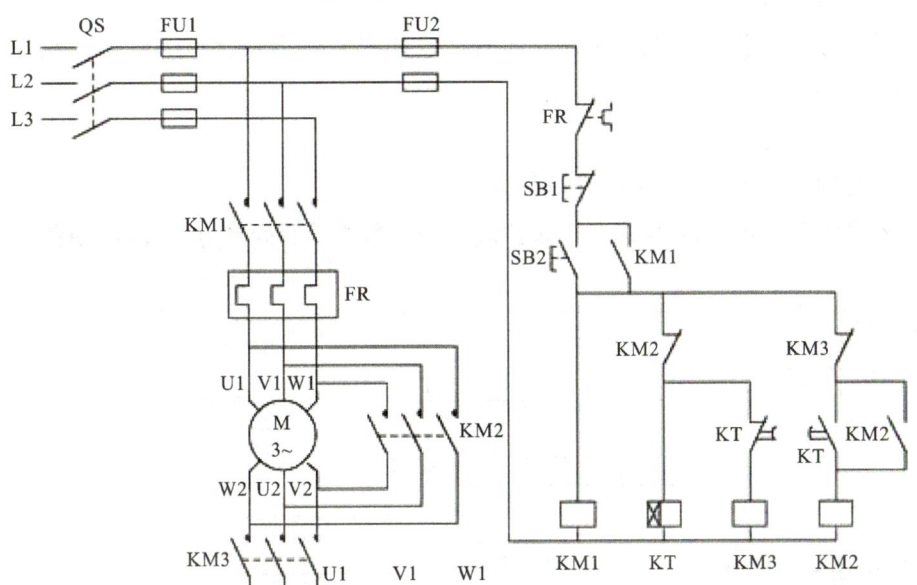

图 5-1 传统继电器-接触器控制系统中的电动机星-三角降压启动原理图

PLC 中的定时器相当于继电器控制系统中的时间继电器,不同的是时间继电器是物理元件,而 PLC 中的定时器是软元件,因此它是通过程序的执行来完成定时任务的。

任务 2:多台电动机的顺序控制。

图 5-2 展示了传统的继电器-接触器控制系统中某两台电动机的顺序启动控制电路。采用物理硬件-时间继电器,来实现时间上的顺序控制。若采用 PLC 来进行顺序控制,又该如何实现呢?

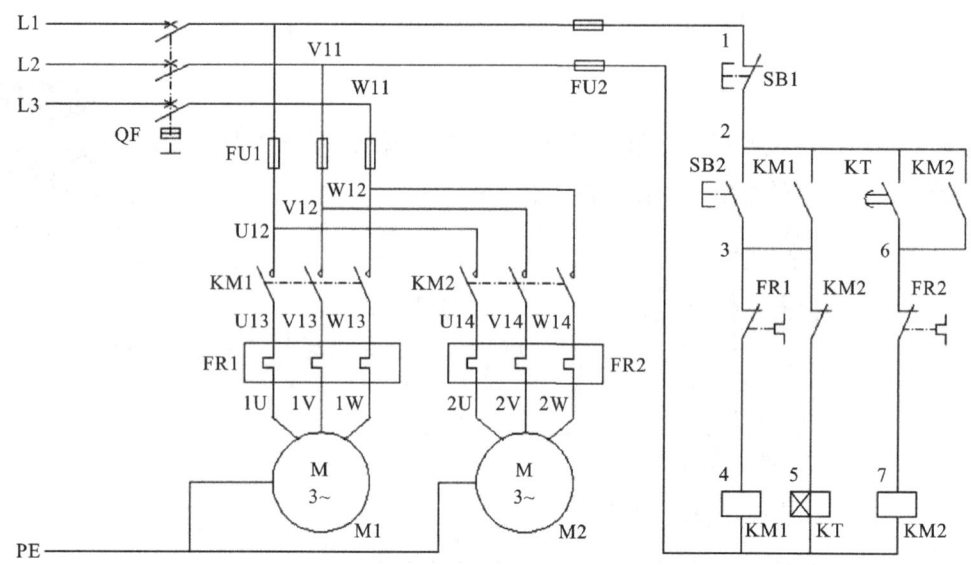

图 5-2 继电器-接触器控制系统中某两台电动机的顺序启动控制电路

任务 3:四道工序循环控制。

设某工件加工过程分为 4 道工序,共需 30 s,其时序要求如图 5-3 所示,I0.0 = ON 时,系统启动和运行;I0.0 = OFF 时停机。每次启动均从第 1 道工序开始。

该控制可用两种方法实现:

①用四个定时器分别设置 4 道工序的时间,通过程序依次启动。

②用一个定时器设置全过程时间,再用若干条比较指令来判断其时间节点,分段启动各道工序。

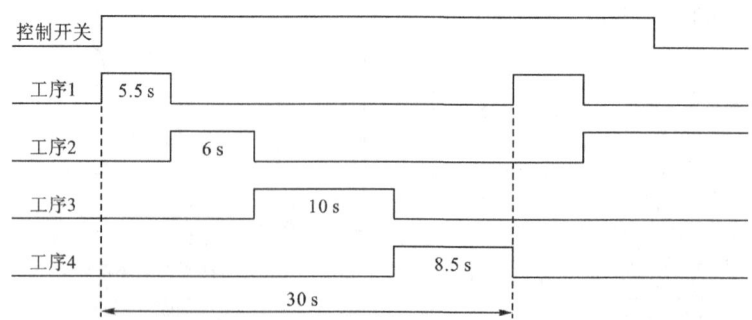

图 5-3 某工件加工过程 4 道工序的时序要求

5.2　项目目标

知识目标：

(1)掌握定时器的相关知识,理解定时器分类及应用。

(2)掌握比较指令的相关知识,理解数据类型的概念。

(3)掌握几种循环的产生方法。

技能目标：

(1)正确运用定时器指令编程。

(2)正确运用比较指令编程。

(3)会根据控制要求,合理分配 I/O 地址,设计软件程序。

(4)会编译程序、检查程序编写错误、检查上下位机通信和下载程序至 PLC 主机。

(5)会使用编程软件在线监控程序运行状况。

思政目标：

正确理解合作与竞争,良性的竞争可以促进进步、激发活力。竞争者也可以是合作伙伴,互相补益,寻求双赢。

　　顺序控制是 PLC 应用最为广泛的领域,在单机控制、多机群控制、自动生产线控制中较为常见,例如注塑机、印刷机械、订书机械、切纸机械、组合机床、磨床、装配生产线、包装生产线、电镀流水线及电梯控制等。

　　顺序控制是一种按时间顺序或逻辑顺序进行控制的开环控制方式。常见的装饰灯闪烁电路就是顺序控制的,各种彩灯的闪烁分别有不同的周期和占空比。这些彩灯汇集在一起,共同装点璀璨夜景,点缀灯火人间。

　　大雁塔广场的水舞喷泉和灯光秀(图 5-4),实现了声、光、水、电一体控制,呈现出雄伟壮阔的全新视听盛宴,重现了千年帝都的盛世气象,是长安文化、丝路文明的华彩乐章,让我们从中感受爱国情怀与大国胸怀,领略五千年中华文化的传承与创新,体味身为华夏儿女的骄傲与自豪。

图 5-4 大雁塔灯光秀

5.3 相关知识链接

1. 认识定时器

(1)定时器的分类。S7-200 指令集提供三种不同类型的定时器,如图 5-5 所示。

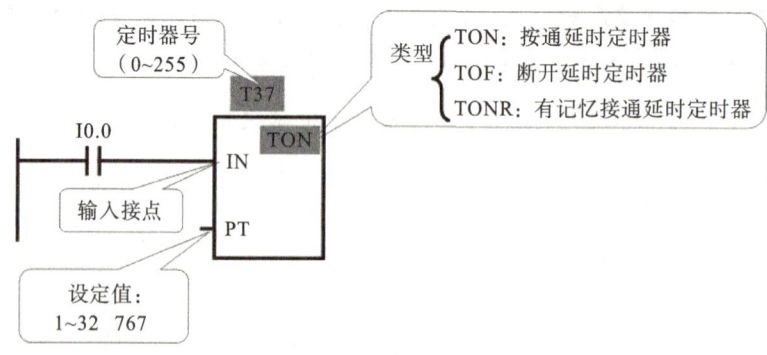

图 5-5 定时器的类型

①接通延时定时器(TON)，用于单间隔计时，如图 5-6 所示。

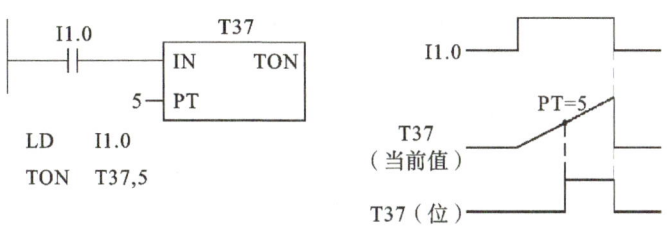

图 5-6　接通延时定时器

②记忆接通延时定时器(TONR)，用于累计一定数量的定时间隔，如图 5-7 所示。

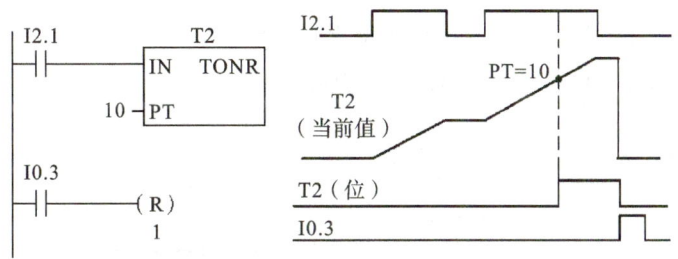

图 5-7　记忆接通延时定时器

③断开延时定时器(TOF)，用于在输入关闭后，延迟固定的一段时间再关闭输出，如图 5-8 所示。

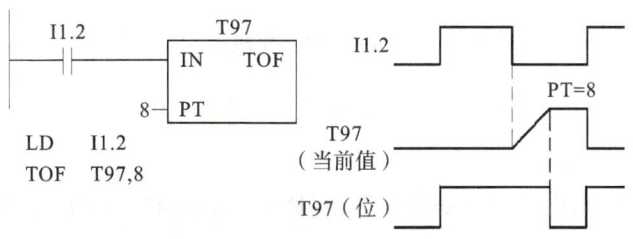

图 5-8　断开延时定时器

(2)定时器分辨率和编号。

定时器分辨率和编号如表 5-1 所示。可通过编号判断定时器的时基和范围。不同时基的刷新方式不同。时基为 100 ms 的定时器在每个扫描周期执行该指令时刷新，时基为 10 ms 的定时器在每个扫描周期初始刷新，时基为 1 ms 的定时器每隔 1 ms 就刷新一次。

表5-1　定时器分辨率和编号

定时器类型	分辨率	最大当前值	定时器编号
TORN	1	32.767	T0,T64
	10	327.67	T1 ~ T4,T65 ~ T68
	100	3276.7	T5 ~ T31,T69 ~ T95
TON、TOF	1	32.767	T32,T96
	10	327.67	T33 ~ T36,T97 ~ T100
	100	3276.7	T37 ~ T63,T101 ~ T253

(3)定时器分辨率和编号。

定时器的实际设定时间　　　$T =$ 设定值 $PT \times$ 分辨率

由两个定时器组成的闪烁电路如图5-9所示。

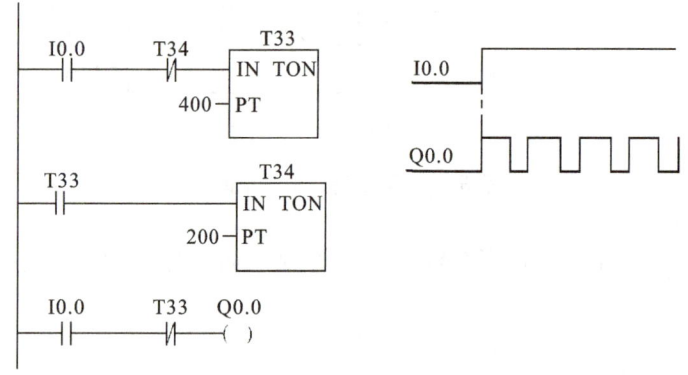

图5-9　由两个定时器组成的闪烁电路

由图5-9可知:Q0.0亮(400×10 ms =)4 s,灭(200×10 ms =)2 s,周期4 s +2 s =6 s,占空比为2/3。

实用生产中常有两台电动机在交替运行,交替时间可调整。如 M1 和 M2 两台电动机,按下启动按钮后,M1 运转 3 min,停止 1 min;M2 与 M1 相反,即 M1 停止时 M2 运行,M1 运行时 M2 停止,如此循环往复,直到按下停止按钮。

2. PLC 比较指令的使用及编程

比较指令是将两个数值或字符串按指定条件进行比较的指令,条件成立时,触点就闭合。所以比较指令实际上也是一种位指令。

(1)比较指令的类型。比较指令的类型有:字节(B)比较、字整数(I)比较、双字整数(DI)比较、实数(R)比较、字符串比较。数值比较指令的运算符有: = 、> = 、< 、< = 、> 和 < > 等 6种,而字符串比较指令只有 = 和 < > 两种。

以整数比较为例,比较整数指令用于比较两个值:IN1 和 IN2。比较包括:IN1 = IN2、IN1 > = IN2、IN1 < = IN2、IN1 > IN2、IN1 < IN2 或 IN1 < > IN2。整数比较带符号(16#7FFF > 16#8000)。在 LAD 中,比较为真时,触点打开。整数比较指令符号如图 5 - 10 所示。

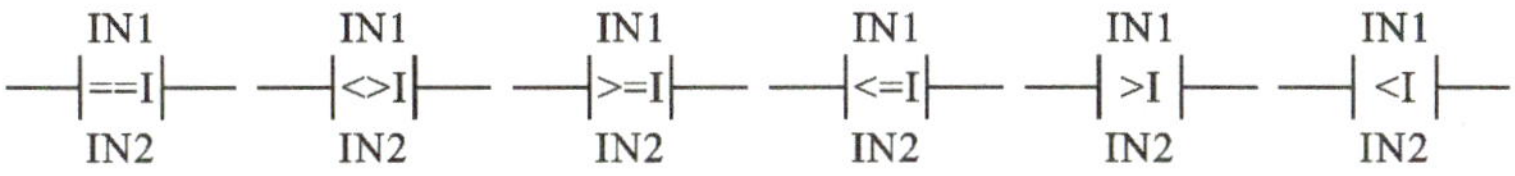

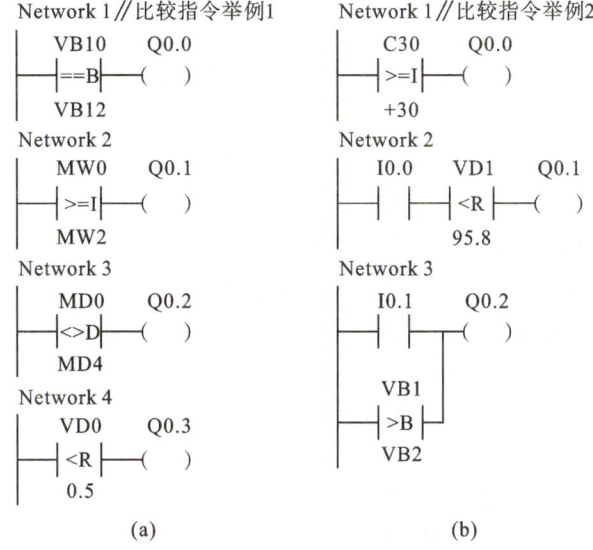

图 5 - 10 整数比较指令符号

(2)比较指令应用举例。图 5 - 11 为两个比较指令编程示例。

图 5 - 11 比较指令编程举例

(a)程序说明:

在网络 1 中,将字节 VB10 与字节 VB12 比较,若 VB10 = VB12,此常开触点闭合,则 Q0.0 为 ON,否则为 OFF。

在网络 2 中,字 MW0 与字 MW2 比较,若 MW0 > = MW2,此常开触点闭合,则 Q0.1 为 ON,否则为 OFF。

在网络 3 中,双整数 MD0 与双整数 MD4 比较,若 MD0 与 MD4 不相等(MD0 < > MD4),此常开触点闭合,则 Q0.2 为 ON,否则为 OFF。

在网络 4 中,实数 VD0 与 0.5 比较,若 VD0 < 0.5,此常开触点闭合,则 Q0.3 为 ON,否则为 OFF。

(b)程序说明:

在网络 1 中,C30 的计数当前值大于等于(> =)+ 30,此触点闭合,则 Q0.0 有输出为 ON,否则 Q0.0 为 OFF。

在网络 2 中,I0.0 闭合与 VD1 小于(<)95.8 时,Q0.1 有输出为 ON,否则 Q0.1 为 OFF。

在网络 3 中,I0.1 闭合或 VB1 大于(>)VB2 时,Q0.2 有输出为 ON,否则 Q0.2 为 OFF。

5.4 项目实施

1. 实训准备

(1)实训设备:

PLC 虚拟仿真系统;智能手机、电脑,机电综合实训室;西门子 S7 – 200CPU226 一台,电源模块,按钮模块,编程计算机及电脑推车一套。

(2)软件环境:

PLC 虚拟仿真实训平台,线上教学软件,PLC 系统虚拟仿真动画。

2. 实施步骤

(1)连接 PLC 电源。

(2)连接 PLC 输入端子,写出本项目所接外部设备。

(3)连接 PLC 输出端子,写出本项目所接外部设备。

(4)画出 I/O 地址分配表。

(5)绘制硬件接线图。

(6)编制梯形图。

(7)程序的编译、语法检查及下载调试。

(8)程序的在线监控与项目验收演示。

(9)项目报告书撰写与总结反思。

3. 制订小组工作计划

根据以上任务要求和实施步骤,制订本小组的工作计划。

工作计划表

项目名称：＿＿＿＿＿＿＿＿＿＿＿＿＿　　　　　　姓名：＿＿＿＿＿＿＿　　　　　　1/4

班级		组号		组长	
组员					
工作地点		任务日期		任务时长	
序号	计划名称	工作内容			完成度
1		分析控制要求： I/O 分配表： PLC 外设硬件接线： PLC 软件梯形图设计： 项目调试验收：			

序号	计划名称	工作内容	完成度
2		分析控制要求： I/O 分配表： PLC 外设硬件接线： PLC 软件梯形图设计： 项目调试验收：	

项目名称：_____　　　　　　　　姓名：_____　　　　　　　　　3/4

序号	计划名称	工作内容	完成度
3		分析控制要求： I/O 分配表： PLC 外设硬件接线： PLC 软件梯形图设计： 项目调试验收：	

序号	计划名称	工作内容	完成度
4		分析控制要求： I/O 分配表： PLC 外设硬件接线： PLC 软件梯形图设计： 项目调试验收：	

5.5　项目验收考核

班级		姓名		分数	
任务名称		评价标准		分数	
PLC 电源接线		回答及线色选择正确		10	
PLC 输入端子连线		接线规范、线色选择正确		10	
PLC 输出端子连线		接线规范、线色选择正确		10	
I/O 地址分配		合理		10	
硬件接线图		绘制完整、布局合理		10	
梯形图编制		内容完整、正确		10	
程序下载		内容完整、正确		10	
程序调试		内容完整、正确		10	
PLC 系统运行演示与说明		内容完整、正确		10	
项目报告书		内容完整、正确		10	

5.6　安全规范考评

序号	评价内容	评价标准	分数	得分
1	在完成工作任务过程中,操作是否符合安全操作规程	完全符合要求:15 分; 基本符合要求:10 分; 一般符合要求:5 分; 完全不符合要求:0 分	15	
2	工具摆放、物品包装、导线线头和坏线处置等是否符合职业岗位的要求	完全符合要求:5 分; 错误少于或等于 3 处:每错 1 处扣 1 分; 错误 3 处以上:0 分	5	
3	是否做到尊重师长,遵守实训纪律,爱惜实训室的设备和器材,保持工位的整洁	完全符合要求:10 分 (按实际情况酌情扣分)	10	
4	是否按时参加考勤和值日,行为是否符合职业规范	完全符合要求:70 分; 考勤不合格扣 60 分; 未参加值日扣 10 分; 不符合职业规范的行为,视情节扣 5~10 分	70	
合计			100	

5.7 课后思考与练习

1. 定时器最小计时单位为时基脉冲的宽度,称为定时精度。S7 - 200PLC 中有(   )ms、(   )ms、(   )ms 三种定时精度。

2. CPU 22X 系列 PLC 的(   )个定时器分属(   )、(   )和(   )工作方式。

3. TONR 定时器,使能端(IN)输入有效时,定时器开始计时,当前值(   ),当前值(   )预置值(PT)时,输出状态位(   )。使能端输入无效(断开)时,当前值(   ),使能端(IN)再次有效时,在原记忆值的基础上(   )。

4. 下列对于定时器 T37 的刷新方式说法正确的是(   )。

A. 每隔 1ms 刷新一次   B. 每个扫描周期开始自动刷新

C. 在该定时器指令执行时刷新   D. 每隔 100 ms 刷新一次

5. 设计占空比为 60%、周期为 5 s 的闪烁电路。(占空比是指在一个脉冲循环内,通电时间相对于总时间所占的比例,即指高电平在一个周期之内所占的时间比率。如"一天捕鱼,三天晒网",则占空比(负载周期)为 0.25。)

6. 用置位、复位指令编写程序,器件与逻辑图如图 5 - 12 所示。

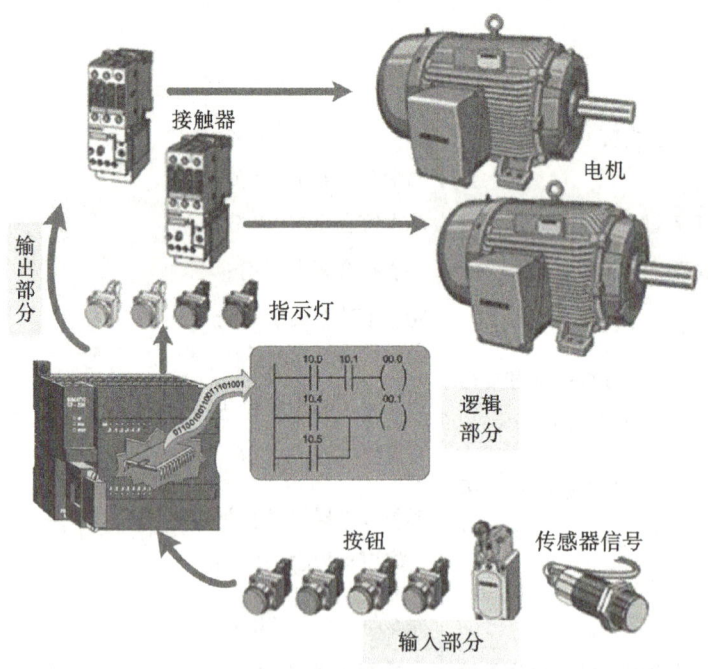

图 5 - 12 器件与逻辑图

两台电动机 M1 和 M2 启动和停止分别用各自的启动和停止按钮,须符合以下两种控制方案的要求。

方案一:启动时,电动机 M1 先启动,电动机 M1 启动后,才能启动电动机 M2;停止时,电动机 M1、M2 同时停止。

方案二:启动时,电动机 M1、M2 同时启动;停止时,只有在电动机 M2 停止时,电动机 M1 才能停止。

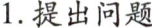

项目6 交通信号灯的 PLC 控制

6.1 项目描述

编程的一般方法

1. 提出问题

(1)假设道路上没有交通灯,世界将变成什么样子?

(2)实际生活中交通灯是如何控制的?

(3)如果用我们所学的 PLC 知识设计如图 6-1 所示十字路口交通灯的控制系统,应该如何完成?

图 6-1 十字路口交通灯控制

2. 控制要求分析

(1)启动:当按下启动按钮时,信号灯系统开始工作。

(2)停止:当按下停止按钮时,信号灯系统停止工作。

(3)信号灯工作时序:

　　(a)信号灯系统开始工作时,南北红灯亮,同时东西绿灯亮。

　　(b)东西向红绿黄灯的控制如下:东西绿灯亮 4 s 后闪烁 2 s 最后熄灭;黄灯亮 2 s 后熄灭;红灯亮 8 s 后熄灭,依此循环。

　　(c)南北向的红绿黄灯的控制如下:南北向的红灯亮 8 s 后熄灭,接着绿灯亮 4 s 后闪烁 2 s 后熄灭;黄灯亮 2 s 后熄灭,依此循环。

其交通灯自动控制的时序图如下图 6-2 所示,注意思考绿灯的闪烁如何实现。

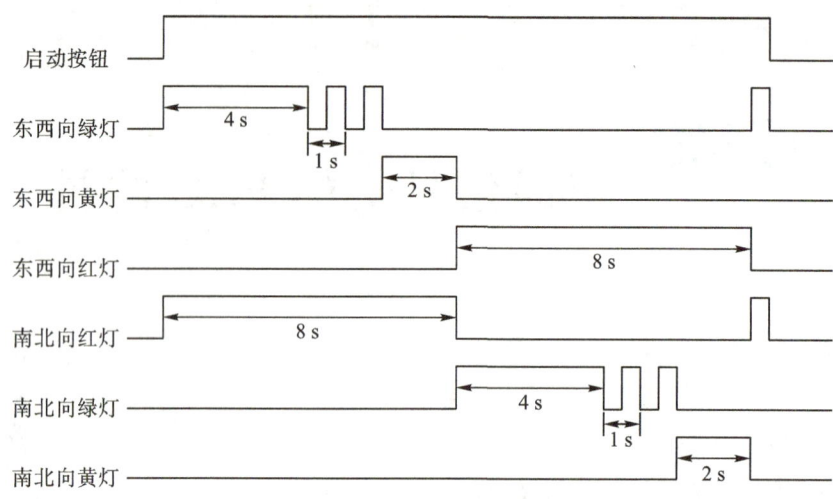

图 6 - 2　交通灯自动控制的时序图

6.2　项目目标

知识目标：

(1)掌握交通信号灯的相关知识。

(2)掌握闪烁信号的产生原理和应用。

技能目标：

(1)正确进行交通信号灯硬件电路的设计。

(2)会根据交通信号灯控制规则,合理分配 I/O 地址,设计软件程序。

(3)会编译程序、检查程序编写错误、检查上下位机通信和下载程序至 PLC 主机。

(4)会使用编程软件在线监控程序运行状况。

思政目标：

通过了解黄灯的发明史,切实感受格物致知,勤于思考,努力钻研的意义。

黄色信号灯的发明者是我国的胡汝鼎。一天,他站在繁华的十字路口等待绿灯信号,当他看到红灯熄灭,正要过马路时,一辆转弯的汽车忽然擦身而过,吓出他一身冷汗。回到宿舍,他反复琢磨,终于想到了可以在红绿灯中间再加上一个黄色信号灯,用于提醒人们注意危险。他的建议立即得到有关方面的肯定。于是红黄绿三色信号灯即作为一个完整的指挥信号家族,遍及全世界陆、海、空交通领域了。

从最早的手牵皮带到 20 世纪 50 年代的电气控制,从采用计算机控制到现代化的电子定时监控,交通信号灯在科学化、自动化的道路中不断地更新、发展和完善。

6.3 相关知识链接

特殊标志位存储器(SM)即特殊内部继电器。它为用户提供一些特殊的控制功能及系统信息,用户对操作的一些特殊要求也通过它通知系统。特殊标志位存储器(SM)以位为单位使用,也可以字节、字、双字为单位使用。

SM0.0 RUN 监控,PLC 在 RUN 状态时,SM0.0 总为 1。

SM0.1 初始脉冲,PLC 由 STOP 转为 RUN 时,SM0.1 接通一个扫描周期。

SM0.3 PLC 上电进入 RUN 状态时,SM0.3 接通一个扫描周期。

SM0.4 分脉冲;占空比为 50%,周期为 1 min 的脉冲串。

SM0.5 秒脉冲;占空比为 50%,周期为 1 s 的脉冲串。时序图如图 6-3 所示,可作为秒发生器。

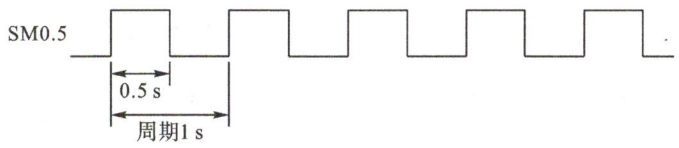

图6-3 秒脉冲信号时序

SM1.0 执行指令的结果为 0 时,该位置 1。

SM1.1 执行指令的结果溢出或检测到非法数值时,该位置 1。

SM1.2 执行数学运算的结果为负数时,该位置 1。

SM1.3 除数为 0 时,该位置 1。

在图 6-4 中,程序第一个网络实现初始化,采用了 SM0.1 初始脉冲信号,即 PLC 由 STOP 转 RUN 第一个扫描周期自动将初始步 S0.0 置 1,其他步清零复位,做好启动准备。第二个网络实现启停控制。在每一步中,若有 SM0.0 信号,PLC 在 RUN 时该信号总为 1。因此 SM0.0 信号可作为万能条件,当输出控制对象无条件即动作时,通常将 SM0.0 信号加在条件位置来充当条件,使梯形图符合"工作条件—执行机构"的语句表达规范形式。

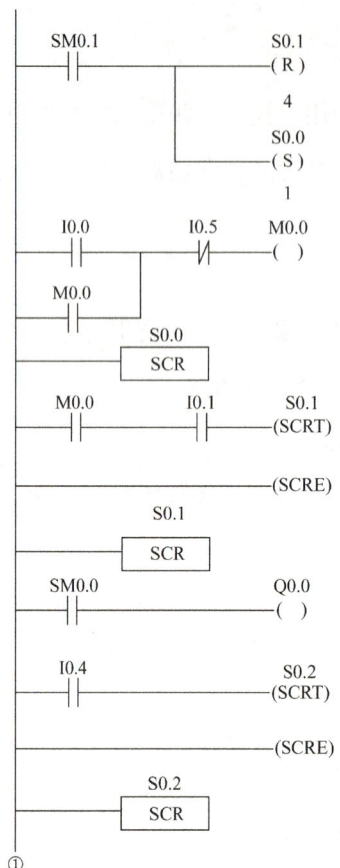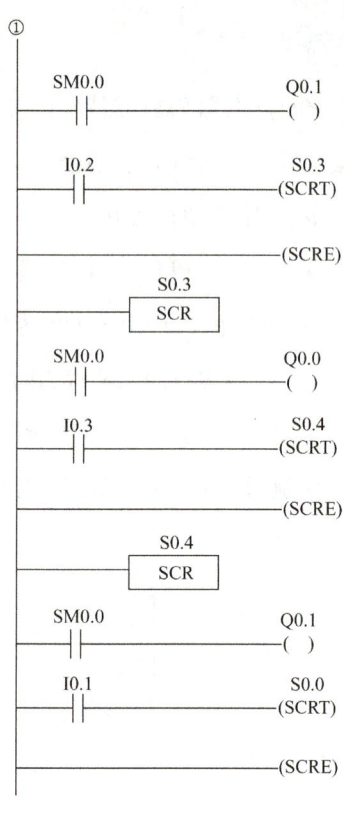

图 6-4 梯形图例

6.4 任务实施

1. 实训准备

（1）实训设备：

PLC 虚拟仿真系统；智能手机、电脑，机电综合实训室；西门子 S7-200CPU226 一台，电源模块，按钮模块，编程计算机及电脑推车一套。

（2）软件环境：

PLC 虚拟仿真实训平台，线上教学软件，PLC 系统虚拟仿真动画。

2. 实施步骤

（1）连接 PLC 电源。

（2）连接 PLC 输入端子，写出本项目所接外部设备。

（3）连接 PLC 输出端子，写出本项目所接外部设备。

(4)画出 I/O 地址分配表。

(5)绘制硬件接线图。

(6)编制梯形图。

(7)程序的编译、语法检查及下载调试。

(8)程序的在线监控与项目验收演示。

(9)项目报告书撰写与总结反思。

3.制订小组工作计划

根据以上任务要求和实施步骤,制订本小组的工作计划。

工作计划表

项目名称：_____　　　　　　　　　　　姓名：_____　　　　　　　1/4

班级		组号		组长	
组员					
工作地点		任务日期		任务时长	
序号	计划名称	工作内容			完成度
1		分析控制要求： I/O 分配表： PLC 外设硬件接线： PLC 软件梯形图设计：			

序号	计划名称	工作内容	完成度
1		项目调试验收：	

项目名称：_____   姓名：_____   3/4

序号	计划名称	工作内容	完成度
2		分析控制要求： I/O 分配表： PLC 外设硬件接线： PLC 软件梯形图设计：	

序号	计划名称	工作内容	完成度
2		项目调试验收：	

6.5　项目验收考核

班级		姓名		得分	
任务名称		**评价标准**		**分数**	
PLC 电源接线		回答及线色选择正确		10	
PLC 输入端子连线		接线规范、线色选择正确		10	
PLC 输出端子连线		接线规范、线色选择正确		10	
I/O 地址分配		合理		10	
硬件接线图		绘制完整、布局合理		10	
梯形图编制		内容完整、正确		10	
程序下载		内容完整、正确		10	
程序调试		内容完整、正确		10	
PLC 系统运行演示与说明		内容完整、正确		10	
项目报告书		内容完整、正确		10	

6.6　安全规范考评

序号	评价内容	评价标准	分数	得分
1	在完成工作任务过程中,操作是否符合安全操作规程	完全符合要求:15 分; 基本符合要求:10 分; 一般符合要求:5 分; 完全不符合要求:0 分	15	
2	工具摆放、物品包装、导线线头和坏线处置等是否符合职业岗位的要求	完全符合要求:5 分; 错误少于或等于 3 处:每错 1 处扣 1 分; 错误 3 处以上:0 分	5	
3	是否做到尊重师长,遵守实训纪律,爱惜实训室的设备和器材,保持工位的整洁	完全符合要求:10 分 (按实际情况酌情扣分)	10	
4	是否按时参加考勤和值日,行为是否符合职业规范	完全符合要求:70 分; 考勤不合格扣 60 分; 未参加值日扣 10 分; 不符合职业规范的行为,视情节扣 5~10 分	70	
合计			100	

八、课后思考与练习

1. 如何实现电路连续运行？

2. 使用定时器如何设定相应时间？

3. 程序一共需要几个定时器？

4. 如何使用定时器实现循环？

5. 试设计双模式交通信号灯系统。

当旋钮 SA 旋至左侧，按下启动按钮后，进入模式一（日间模式）：

（1）东西绿灯亮 4 s 后闪烁 2 s，最后熄灭；黄灯亮 2 s 后熄灭；红灯亮 8 s 后熄灭，依此循环。

（2）南北向的红灯亮 8 s 后熄灭，接着绿灯亮 4 s 后闪烁 2 s，最后熄灭；黄灯亮 2 s 后熄灭，依此循环。

当旋钮 SA 旋至右侧，按下启动按钮后，进入模式二（夜间模式）：双向只有黄灯按秒脉冲闪烁。

课后 小结

计数器控制及其应用

7.1 项目描述

现有 1 台三相交流异步电动机、1 台 PLC、1 个对射式光电开关、按钮若干、指示灯若干,示意图和设备外观如图 7－1 所示。要求用按钮通过 PLC 控制电动机工作,请完成以下任务:当按下启动按钮,电动机启动并持续工作,带动自动生产线上的工件移动,对射式光电传感器检测端每经过 4 个工件,生产线暂停 5 s,然后又开始运行。若按下停止按钮,生产线停止运行。

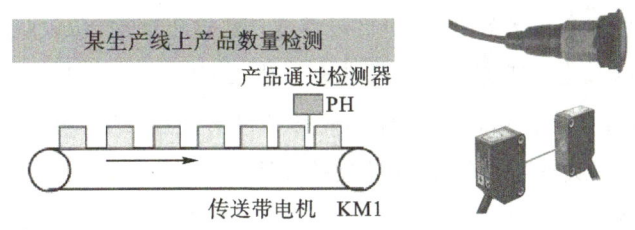

图 7－1 产品数量检测系统

7.2 项目目标

知识目标:

(1)掌握计数器的相关知识。

(2)通过实训进一步理解加计数器和减计数器的应用。

技能目标:

(1)正确进行产品数量检测系统的硬件电路设计。

(2)会根据产品数量检测系统控制要求,合理分配 I/O 地址,设计软件程序。

(3)会编译程序、检查程序编写错误、检查上下位机通信和下载程序至 PLC 主机。

(4)会使用编程软件在线监控程序运行状况。

思政目标:

通过了解中国计数技术的发展过程,增强文化自信心与民族自豪感。

关于计数,从古至今,从未停止。如果说钻木取火标志着人类告别了茹毛饮血的野蛮岁月,那么文字的出现就意味着人类走出了结绳记事的洪荒年代。中国作为一个文明古国,记录数字的历史几乎和汉字发展的时间一样漫长,甚至更早一些。甲骨文的发现,正是打开了照亮中华文明的一盏明灯。远在夏、商、周时期的甲骨文和金文当中就出现了成熟的记数系统。甲骨文刻画于龟甲兽骨之上,距今有3 600多年的历史,是当时巫祝、史官们为商王室占卜记事的主要手段。在目前已经发掘并确认的甲骨文当中,能够被明确破译出来的只有1 500字左右。甲骨文中的数字符号是结绳记数的象形,如图7-2所示,前九个甲骨文数字是对数字1—9的记录,后四个则是位值符号。

图7-2　甲骨文中的13个数字

中国古代还有画"正"字的计数方法,这种计数方法起源于戏院里面记的流水账。在戏园子里面,每天要迎来很多的观众,当时还没有门票这个概念,所以就安排店小二在门口招揽生意,领满五位入座。还有专门的人在大水牌上写正字表明已来了多少客人,有账房先生负责计算收费等等。后来随着戏院都实行了门票制度,这种计数方法也就渐渐被废除,不过很多中国人还是有采用"正"字计数的习惯。

算盘,中国传统的计算工具和计数工具。中国算盘最早见载于东汉末年的《数术记遗》,其中有一句:珠算控带四时,经纬三才。现存最早的算盘图像见于北宋张择端的《清明上河图》,卷左赵太丞家药铺柜台上有一个十五档一四算盘,和现代会计算盘几乎一样,如图7-3所示。珠算盘运算方便、快速,是中国古代劳动人民普遍使用的计算工具。

紫檀珠子算盘

图片上展示的这把17档算盘为清代制作,
紫檀珠子,酸枝边框,48.5 cm×19 cm。

清明上河图中的算盘

图7-3　算盘

7.3　相关知识链接

计数器用于累计其计数输入端脉冲电平由低到高转换的次数,常用来对产品进行计数或进行特定功能的编程。而与之不同的是,定时器是对PLC内部的时钟脉冲进行计数。

S7-200PLC有三种类型的计数器:增计数(CTU)、减计数(CTD)、增减计数(CTUD),如

图7-4所示。使用时需要提前设定计数设定值。

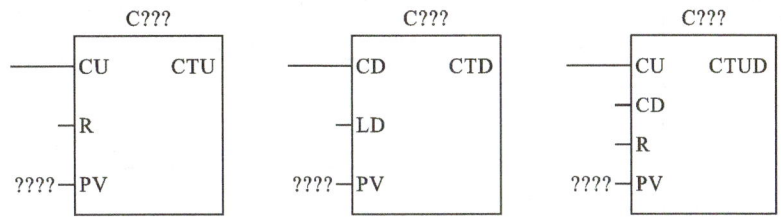

图7-4　三种类型的计数器

与计数器相关的有两个变量：

（1）计数器当前值：计数器累计计数的当前值，存放在计数器的16位（bit）当前值寄存器中。计数范围：（-32 768～32 767）。

（2）计数器状态位：当计数器的当前值等于或大于设定值时，计数器位置为"1"。

计数器地址表示格式为：C[计数器号]，如C3、C22。计数器编号范围为：C0～C255。增计数器（CTU）、减计数器（CTD）和增减计数器（CTUD）的示例分别如图7-5、图7-6和图7-7所示。

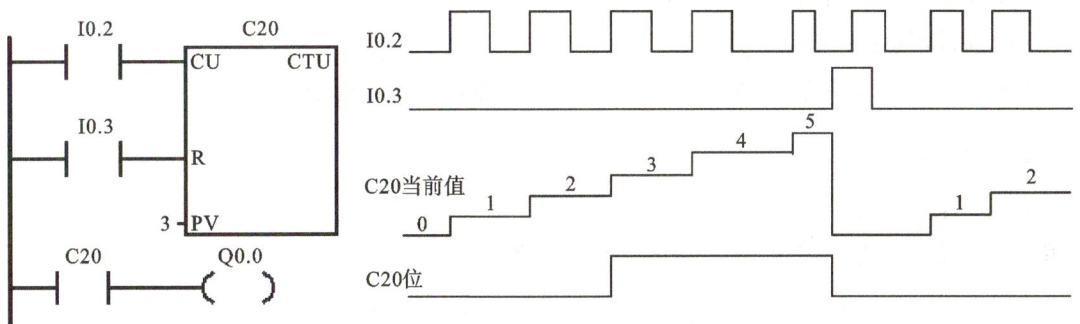

图7-5　增计数器（CTU）举例

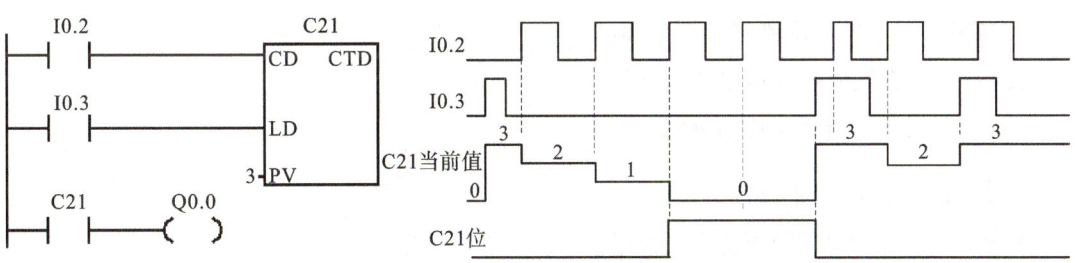

图7-6　减计数器（CTD）举例

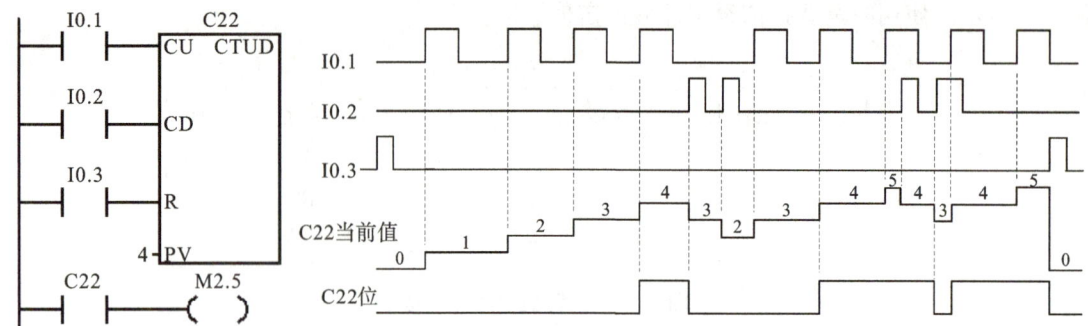

图 7-7 增减计数(CTUD)举例

7.4 项目实施

1. 实训准备

(1)实训设备:

PLC 虚拟仿真系统;智能手机、电脑,机电综合实训室;西门子 S7-200CPU226 一台,电源模块,按钮模块,编程计算机及电脑推车一套。

(2)软件环境:

PLC 虚拟仿真实训平台,线上教学软件,PLC 系统虚拟仿真动画。

2. 实施步骤

(1)连接 PLC 电源。

(2)连接 PLC 输入端子,写出本项目所接外部设备。

(3)连接 PLC 输出端子,写出本项目所接外部设备。

(4)画出 I/O 地址分配表。

(5)绘制硬件接线图。

(6)编制梯形图。

(7)程序的编译、语法检查及下载调试。

(8)程序的在线监控与项目验收演示。

(9)项目报告书撰写与总结反思。

3. 制订小组工作计划

根据以上任务要求和实施步骤,制订本小组的工作计划。

工作计划表

项目名称：_____　　　　　　　　　姓名：_____　　　　　　　1/2

班级		组号		组长	
组员					
工作地点		任务日期		任务时长	
序号	计划名称	工作内容			完成度
1		分析控制要求： I/O 分配表： PLC 外设硬件接线： PLC 软件梯形图设计： 项目调试验收：			

序号	计划名称	工作内容	完成度
2		分析控制要求: I/O 分配表: PLC 外设硬件接线: PLC 软件梯形图设计: 项目调试验收:	

7.5　项目验收考核

班级		姓名			得分	
任务名称			评价标准		分数	
PLC 电源接线			回答及线色选择正确		10	
PLC 输入端子连线			接线规范、线色选择正确		10	
PLC 输出端子连线			接线规范、线色选择正确		10	
I/O 地址分配			合理		10	
硬件接线图			绘制完整、布局合理		10	
梯形图编制			内容完整、正确		10	
程序下载			内容完整、正确		10	
程序调试			内容完整、正确		10	
PLC 系统运行演示与说明			内容完整、正确		10	
项目报告书			内容完整、正确		10	

7.6　安全规范考评

序号	评价内容	评价标准	分数	得分
1	在完成工作任务过程中,操作是否符合安全操作规程	完全符合要求:15 分; 基本符合要求:10 分; 一般符合要求:5 分; 完全不符合要求:0 分	15	
2	工具摆放、物品包装、导线线头和坏线处置等是否符合职业岗位的要求	完全符合要求:5 分; 错误少于或等于 3 处:每错 1 处扣 1 分; 错误 3 处以上:0 分	5	
3	是否做到尊重师长,遵守实训纪律,爱惜实训室的设备和器材,保持工位的整洁	完全符合要求:10 分 (按实际情况酌情扣分)	10	
4	是否按时参加考勤和值日,行为是否符合职业规范	完全符合要求:70 分; 考勤不合格扣 60 分; 未参加值日扣 10 分; 不符合职业规范的行为,视情节扣 5～10 分	70	
合计			100	

7.7 课后思考与练习

1. S7 - 200PLC 中有三类计数器,(　　)CTU、减计数器(　　)、(　　)(　　)。

2. CTD 计数器的复位 LD(　　)计数脉冲有效,开始计数,CD 端每来一个输入脉冲上升沿,减计数的当前值(　　),当前值(　　)时,计数器状态位(　　),停止计数。

3. CTUD 的计数范围为(　　)。

A. 0～32 767　　　B. -32 767～32 767　　　C. 0～32 767　　　D. -50 000～+50 000

4. 用计数器指令设计程序。脉冲信号从 I0.0 端子进入到 PLC 中,当有 4 个脉冲信号到来时,启动定时器开始定时,定时 10 s 后,让指示灯 L1 亮,同时计数器被复位。

5. 某广场喷泉有 3 圈喷水柱,分别由电磁阀 YV1、YV2、YV3 控制,如图 7-8 所示,要求喷泉每隔 5 s 按 A—B—AB—C—ABC 顺序喷水,并循环。按下启动按钮,喷泉开始喷水,按下停止按钮,喷泉停止喷水。

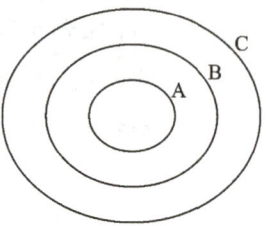

图 7-8　喷泉示意图

编程技能3　有破有立——"开局取常开，破局选常闭"

B3.1　项目描述

请完成图 B3-1 所示三级传输带物料输送机构的控制系统的设计任务。

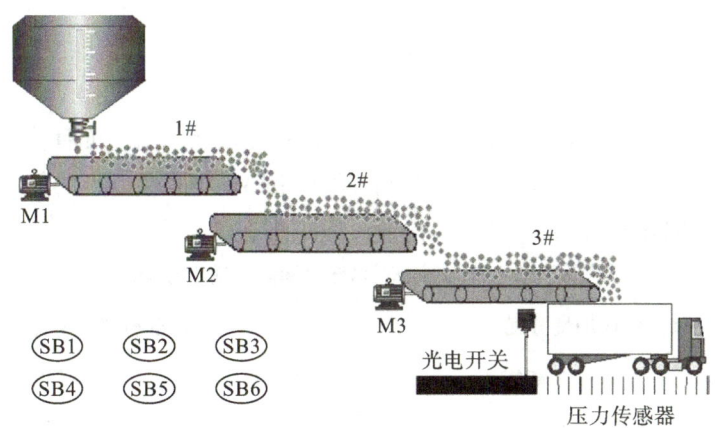

图 B3-1　三级传输带物料输送机构图

本物料输送机构控制要求如下。

任务 1：

（1）启动时，首先按下 SB5，启动 M3 电机，3#传送带运行。接着按下 SB3，启动 M2 电机，2#传送带运行。最后按下 SB1，启动 M1 电机，1#传送带运行。同时料斗底门电磁阀 L 接通，物料加载到传送带上。

（2）停止时，当物料传送工作完成后，首先按下 SB2，停止 M1 电机，1#传送带停止运行。同时料斗底门电磁阀 L 断开，料斗底门关闭。之后按下 SB4，M2 电机停止，2#传送带停止运行。最后按下 SB6，M3 电机停止，3#传送带停止运行。

这三台电动机 M1、M2、M3 需要长动运行，在主电路中分别由接触器 KM1、KM2、KM3 控制。料斗底门由电磁阀 L 控制。

传输带物料输送机构 I/O 地址分配如表 B3-1 所示。

表 B3－1　传输带物料输送机构输入输出分配表

输入元件地址分配		输出元件地址分配	
输入地址	功能描述	输出地址	功能描述
I0.1	SB1 启动 M1 电机	Q0.0	控制 M1 电机接触器 KM1
I0.2	SB2 停止 M1 电机	Q0.1	控制 M2 电机接触器 KM2
I0.3	SB3 启动 M2 电机	Q0.2	控制 M3 电机接触器 KM3
I0.4	SB4 停止 M2 电机	Q0.3	控制料斗底门电磁阀 L
I0.5	SB5 启动 M3 电机		
I0.6	SB6 停止 M3 电机		

请根据控制要求，编写程序并下载调试。

任务 2：

适当简化传输带物料输送机构的操作过程，简化后的系统采用一个启动按钮和一个停止按钮，完成 M3→M2→M1 的启动过程（启动间隔 30 s）和 M1→M2→M3 的停止过程（停止间隔 20 s）。I/O 地址分配表如表 B3－2 所示，请设计程序并下载调试。

表 B3－2　传输带物料输送机构输入输出分配表

输入元件地址分配		输出元件地址分配	
输入地址	功能描述	输出地址	功能描述
I0.1	启动按钮	Q0.0	控制 M1 电机接触器 KM1
I0.2	停止按钮	Q0.1	控制 M2 电机接触器 KM2
		Q0.2	控制 M3 电机接触器 KM3
		Q0.3	控制料斗底门电磁阀 L

任务 3：

在任务 1 的基础上进行装车计数，通过光电开关信号计算装车次数，当装满 3 次车，装料系统和物料输送机构才会停止。I/O 地址分配表如表 B3－3 所示，请设计程序并下载调试。

表 B3－3　传输带物料输送机构输入输出分配表

输入元件地址分配		输出元件地址分配	
输入地址	功能描述	输出地址	功能描述
I0.1	启动按钮	Q0.0	控制 M1 电机接触器 KM1
I0.2	停止按钮	Q0.1	控制 M2 电机接触器 KM2
I0.3	光电开关（装车数）	Q0.2	控制 M3 电机接触器 KM3
		Q0.3	控制料斗底门电磁阀 L

B3.2　项目目标

知识目标：

(1)掌握 PLC 控制系统设计中软元件常开触点和常闭触点的使用方法。

(2)通过实训进一步理解一般程序中常开触点和常闭触点的功能。

技能目标：

(1)正确进行三级传输带物料输送控制系统的设计。

(2)会根据控制要求,合理分配 I/O 地址,设计软件程序。

(3)会编译程序、检查程序编写错误、检查上下位机通信和下载程序至 PLC 主机。

(4)会使用编程软件在线监控程序运行状况。

思政目标：

树立坚定信念,增进素养品质,充分发挥主动性,积极担当使命,用创新创造为实现中国梦增添强大青春力量。

B3.3　相关知识链接

常开触点常作为开启工作的条件,常闭触点常用来切断正在进行的工作。梯形图示例如图 B3-2 所示。

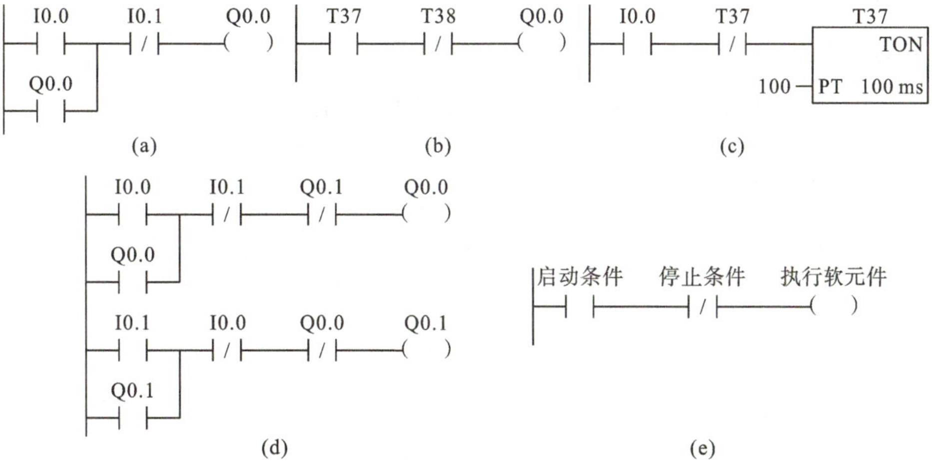

图 B3-2　常开触点和常闭触点梯形图示例

B3.4 项目实施

1. 实训准备

(1)实训设备：

PLC 虚拟仿真系统；智能手机、电脑,机电综合实训室；西门子 S7 – 200CPU226 一台,电源模块,按钮模块,编程计算机及电脑推车一套。

(2)软件环境：

PLC 虚拟仿真实训平台,线上教学软件,PLC 系统虚拟仿真动画。

2. 实施步骤

(1)连接 PLC 电源。

(2)连接 PLC 输入端子,写出本项目所接外部设备。

(3)连接 PLC 输出端子,写出本项目所接外部设备。

(4)画出 I/O 地址分配表。

(5)绘制硬件接线图。

(6)编制梯形图。

(7)程序的编译、语法检查及下载调试。

(8)程序的在线监控与项目验收演示。

(9)项目报告书撰写与总结反思。

3. 制订小组工作计划

根据以上任务要求和实施步骤,制订本小组的工作计划。

工作计划表

项目名称:＿＿＿＿＿＿＿＿＿＿＿   姓名:＿＿＿＿＿＿＿

班级		组号		组长	
组员					
工作地点		任务日期		任务时长	
序号	计划名称	工作内容			完成度
1		分析控制要求: I/O 分配表: PLC 外设硬件接线: PLC 软件梯形图设计: 项目调试验收:			

序号	计划名称	工作内容	完成度
2		分析控制要求： I/O 分配表： PLC 外设硬件接线： PLC 软件梯形图设计： 分析控制要求： 项目调试验收：	

项目名称：_____ 　　姓名：_____ 　　3/4

序号	计划名称	工作内容	完成度
3		分析控制要求： I/O 分配表： PLC 外设硬件接线： PLC 软件梯形图设计： 项目调试验收：	

序号	计划名称	工作内容	完成度
4		分析控制要求： I/O 分配表： PLC 外设硬件接线： PLC 软件梯形图设计： 项目调试验收：	

B3.5 项目验收考核

班级		姓名		得分	
任务名称		**评价标准**		**分数**	
PLC 电源接线		回答及线色选择正确		10	
PLC 输入端子连线		接线规范、线色选择正确		10	
PLC 输出端子连线		接线规范、线色选择正确		10	
I/O 地址分配		合理		10	
硬件接线图		绘制完整、布局合理		10	
梯形图编制		内容完整、正确		10	
程序下载		内容完整、正确		10	
程序调试		内容完整、正确		10	
PLC 系统运行演示与说明		内容完整、正确		10	
项目报告书		内容完整、正确		10	

B3.6 安全规范考评

序号	评价内容	评价标准	分数	得分
1	在完成工作任务过程中,操作是否符合安全操作规程	完全符合要求:15 分; 基本符合要求:10 分; 一般符合要求:5 分; 完全不符合要求:0 分	15	
2	工具摆放、物品包装、导线线头和坏线处置等是否符合职业岗位的要求	完全符合要求:5 分; 错误少于或等于 3 处:每错 1 处扣 1 分; 错误 3 处以上:0 分	5	
3	是否做到尊重师长,遵守实训纪律,爱惜实训室的设备和器材,保持工位的整洁	完全符合要求:10 分 (按实际情况酌情扣分)	10	
4	是否按时参加考勤和值日,行为是否符合职业规范	完全符合要求:70 分; 考勤不合格扣 60 分; 未参加值日扣 10 分; 不符合职业规范的行为,视情节扣 5～10 分	70	
	合计		100	

B3.7　课后思考与练习

1. 每个控制程序中前几个网络中程序的功能一般是什么？如何规划一个控制系统程序的结构框架？总结模块化编程的思路。

2. 试自己设计一个控制系统，完成其程序的编写，并融入破立的思想，对整个程序编写过程加以解释。

多种液体自动混合系统 PLC 控制

8.1 项目描述

设计一个多种液体自动混合控制系统,如图 8–1 所示。

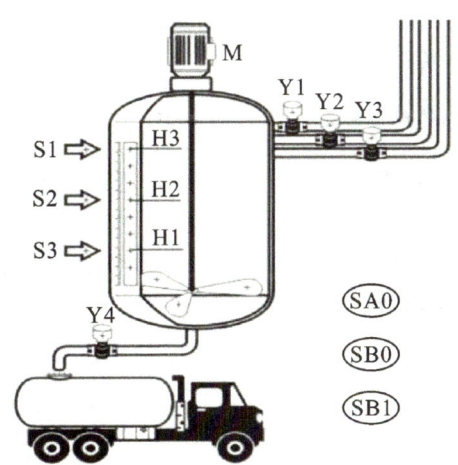

图 8–1 多种液体自动搅拌混合示意图

1. 系统组成

由图 8–1 可知,该系统由 1 台储水器,1 台搅拌机,1 台加热器,3 个液位传感器,3 个进水电磁阀和 1 个出水电磁阀组成。

2. 控制要求

(1)初始状态:储水器中没有液体,电磁阀 Y1,Y2,Y3,Y4 没有接通,搅拌机 M 停止动作,液面传感器 S1,S2,S3 均没有信号输出。

(2)动作要求:按下启动按钮 SA0,系统开始下列操作。

①电磁阀 Y1 通电,开始注入液体 A,至液面高度为 H1 时,液位传感器 S3 输出信号,停止注入液体 A,电磁阀 Y1 断开;同时电磁阀 Y2 通电,开始注入液体 B,当液面高度为 H2 时,液位传感器 S2 输出信号,电磁阀 Y2 断开,停止注入液体 B;同时电磁阀 Y3 闭合,开始注入液体 C,当液面高度为 H3 时,液位传感器 S1 输出信号,电磁阀 Y3 断开,停止注入液体 C。

②停止液体 C 注入时，搅拌机 M 开始动作，搅拌混合时间为 30 s。

③当搅拌停止后，按下 SB0 按钮，开始放出混合液体，此时电磁阀 Y4 通电，液体开始流出，至液体高度降为 H1 后，再经 5 s 停止放出，电磁阀 Y4 停止动作。

④当按下 SB1 时，停止装车，回到初始状态。

3. I/O 口分配

多种液体混合系统实验面板输入/输出(I/O)接口接线端子分配如表 8-1 所示。

表 8-1　多种液体混合系统输入输出分配表

I 口地址		O 口地址	
I0.4	启动按钮 SA0	Q1.1	电磁阀 Y1
I0.5	液面传感器 S1	Q1.2	电磁阀 Y2
I0.6	液面传感器 S2	Q1.3	电磁阀 Y3
I0.7	液面传感器 S3	Q1.4	搅拌机 M
I1.0	放混合液按钮 SB0	Q1.5	电磁阀 Y4
I1.1	停止装车按钮 SB1		

8.2　项目目标

知识目标：

(1)理解顺序控制法的程序架构和编程方法。

(2)理解顺序功能图的选择分支和并行分支的异同。

(3)掌握顺序控制流程图向详细梯形图的展开与转化方法。

技能目标：

(1)正确使用顺序控制指令 LSCR、SCRT 和 SCRE。

(2)会根据多种液体自动混合系统控制要求，合理分配 I/O 地址，并设计简单的顺序控制流程图。

(3)能正确将顺序控制流程图具体转化为详细梯形图程序。

(4)会编译程序、检查程序编写错误、检查上下位机通信和下载程序至 PLC 主机。

(5)会使用编程软件在线监控程序运行状况。

思政目标：

在 PLC 控制系统设计应用等过程中凸显精益求精的工匠精神。

在工农业生产中,混合搅拌这一操作需求常常存在,混合搅拌可以使两种或多种不同的物质在彼此之中互相分散,从而达到均匀混合,也可以加速传热和传质过程。

生活中有很多这样的例子,甜品店将冰激凌放在搅拌器中混匀,加入果酱果粒,就变成更美味的奶昔,因此而大受顾客欢迎,同样的材料,同样的食品,混合和未混合往往有不同的效果。

随着自动化水平的提升,混合技术也进入了飞速发展的快车道。在食品工业中,搅拌混合技术是极为广泛的操作之一,根据不同的加工对象和搅拌要求,设计出合理的混合搅拌器对于保证食品生产质量、提高生产能力、节约能源具有重大的意义。

8.3　相关知识链接

在炼油、化工、制药等行业中,将多种液体妥善混合是必不可少的工序,而且也是生产过程的重要组成部分。为了适应产品迅速更新换代的要求,产品生产正在向缩短生产周期、降低成本、提高生产质量等方向发展。但这些行业中牵扯较多易燃、易爆、有毒、有腐蚀性的介质,以致现场工作环境十分恶劣,不适合人工现场操作。另外,生产要求中的混合精确、控制可靠等特点,也是人工操作和半自动化控制难以实现的。所以为了帮助相关行业,特别是其中的中小型企业实现多种液体混合的自动控制,从而达到液体混合的目的,液体配料自动混合势必就是摆在我们眼前的一大课题。

在工业应用现场,诸多控制系统的加工工艺有一定的顺序性,需要按照生产工艺预先规定的顺序,在各个输入信号的作用下,根据内部状态和时间顺序,自动地、有秩序地控制生产过程中的各个执行机构进行操作,这样的控制系统称之为顺序控制系统。采用顺序控制设计法很容易被初学者接受,对于有经验的工程师,也会提高设计的效率,对程序的调试、修改和阅读也很方便。

1.顺序控制设计法的基本思想

将系统的一个工作周期划分为若干个顺序相连的阶段,这些阶段称为步(step),并用编程元件(如位存储器 M 或顺序控制继电器 S)来代表各步。在任何一步之内,输出量的状态保持不变,这使得步与输出量的逻辑关系变得十分简单。

2.步的划分

根据输出量的状态来划分步,只要输出量的状态发生变化,就在该处划分出一步。

3.步的转换

系统不能总停留在单一步内工作,从当前步进入到下一步的过程称为步的转换,触发这种转换的信号称为转换条件。转换条件可以是外部输入信号,也可以是 PLC 内部信号或若干个信号的逻辑组合。顺序控制设计就是用转换条件控制代表各步的编程元件,让它们按一定的顺序改变,进而通过代表各步的元件控制 PLC 的各输出位。

4. 顺序功能图的结构

顺序功能图主要由步、转换(或转移)条件及动作三个要素组成。

步表示系统的某一工作状态,用矩形框表示,方框中可以用数字表示该步的编号,也可以用代表该步的编程元件的地址作为步的编号(如 M0.0),这样在根据顺序功能图设计梯形图时较为方便。初始步表示系统的初始工作状态,用双线框表示,初始状态一般是系统等待启动命令的相对静止的状态。每一个顺序功能图至少应该有一个初始步。

动作放置在相对应的步序框的右边。在每步之内只标出状态为 ON 的输出位,一般用输出类指令(如输出、置位、复位等)。步相当于这些指令的子母线,这些动作命令平时不被执行,只有当对应的步被激活才被执行。

有向连线把每一步按照它们成为活动步的先后顺序用直线连接起来。

活动步是指系统正在执行的那一步。步处于活动状态时,相应的动作被执行,即该步内的元件为 ON 状态;处于不活动状态时,相应的非存储型动作被停止执行,即该步内的元件为 OFF 状态。有向连线的默认方向由上至下,凡与此方向不同的连线均应标注箭头表示方向。

转换的过程是用有向连线上与之垂直的短画线,将相邻两步分隔开来表示。步的活动状态的进展是由转换的实现来完成的,并与控制过程的发展相对应。

转换表示从一个状态到另一个状态的变化,即从一步到另一步的转移,用有向连线表示转移的方向。

转换实现的条件是:该转换所有的前级步都是活动步,且相应的转换条件得到满足。

转换实现后的结果是:使该转换的后续步变为活动步,前级步变为不活动步。

使系统由当前步进入到下一步的信号称为转换条件。转换条件成立又称为转换使能。该转换如果能够使系统的状态发生转换,则称为触发。

转换条件是与转换相关的逻辑命令,转换条件可以用文字语言、布尔代数表达式或图形符号标注在表示转换的短画线旁边,这其中,使用最多的是布尔代数表达式。

在如图 8-2 所示顺序功能图中,只有当某一步的前级步是活动步时,该步才有可能也成为活动步。如果用没有断电保持功能的编程元件代表各步,进入 RUN 工作方式时,它们均处于 0 状态,必须在开机时将初始步预置为活动步,否则因顺序功能图中没有活动步,系统将无法工作。

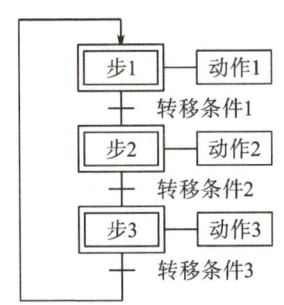

图8-2　顺序功能图的结构

5. 顺序控制指令

常见的顺序控制指令如表8-2所示。在如图8-3所示的梯形图中,有选择分支,也有并行分支。开机时产生一个SM0.1初始脉冲,将初始步S0.0预置为活动步。状态元件S0.1~S1.0代表相应的步,根据顺序控制流程执行相应的步。

表8-2　顺序控制指令

指令名称	STL	LAD	功能	操作元件
装载顺序控制 继电器指令	LSCR n	n ┤SCR├	顺控状态开始	n:S 位
顺序控制继电器 转换指令	SCRT n	n —（SCRT）	顺控状态转移	n:S 位
顺序控制继电器 结束指令	SCRE	—（SCRE）	顺控状态开始	无

顺序控制指令,LSCR与SCRE之间的逻辑组成一个SCR状态(步),SCRT指定状态的转移目标,当转移目标状态置**1**时,原工作状态自动复位。顺序控制指令SCR仅仅对状态元件S有效。

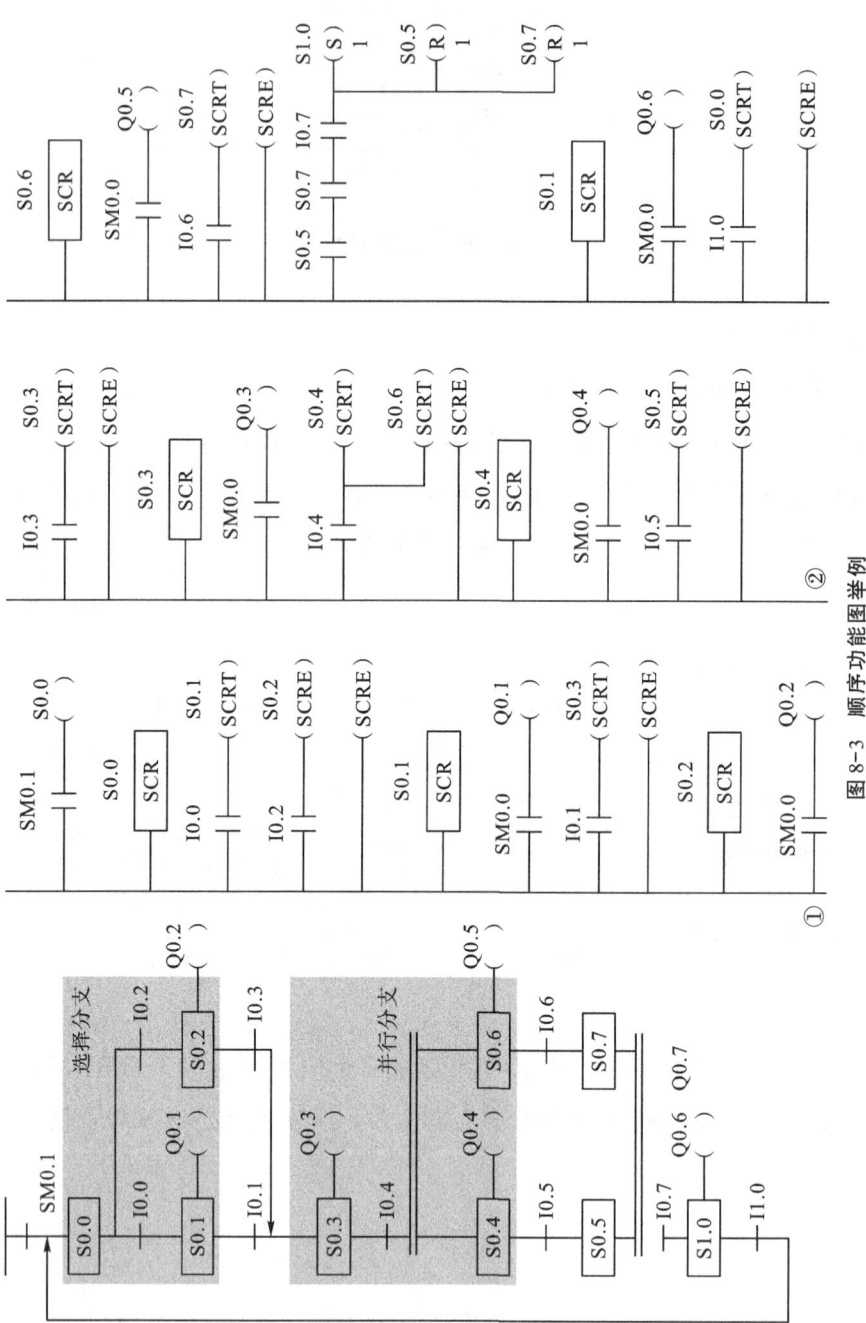

图 8-3 顺序功能图举例

6.顺序控制法的程序架构

顺序控制法的程序架构如图**8-4**所示。

图8-4　程序架构

8.4　项目实施

1.实训准备

(1)实训设备:

PLC虚拟仿真系统;智能手机、电脑,机电综合实训室;西门子S7-200CPU226一台,电源模块,按钮模块,编程计算机及电脑推车一套。

(2)软件环境:

PLC虚拟仿真实训平台,线上教学软件,PLC系统虚拟仿真动画。

2.实施步骤

(1)连接PLC电源。

(2)连接PLC输入端子,写出本项目所接外部设备。

(3)连接PLC输出端子,写出本项目所接外部设备。

(4)画出I/O地址分配表。

(5)绘制硬件接线图。

(6)编制梯形图。

(7)程序的编译、语法检查及下载调试。

(8)程序的在线监控与项目验收演示。

(9)项目报告书撰写与总结反思。

3.制订小组工作计划

根据以上任务要求和实施步骤,制订本小组的工作计划。

工作计划表

项目名称：_____　　　　　　　　姓名：_____　　　　　　1/4

班级		组号		组长	
组员					
工作地点		任务日期		任务时长	
序号	计划名称	工作内容			完成度
1		分析控制要求： I/O 分配表： PLC 外设硬件接线： PLC 软件梯形图设计：			

序号	计划名称	工作内容	完成度
1			
		项目调试验收：	

项目名称：_____ 　　　　　　　姓名：_____ 　　　　　　3/4

序号	计划名称	工作内容	完成度
2		分析控制要求： I/O 分配表： PLC 外设硬件接线： PLC 软件梯形图设计：	

序号	计划名称	工作内容	完成度
2			
		项目调试验收：	

8.5　项目验收考核

班级		姓名		得分	
任务名称		**评价标准**		**分数**	
PLC 电源接线		回答及线色选择正确		10	
PLC 输入端子连线		接线规范、线色选择正确		10	
PLC 输出端子连线		接线规范、线色选择正确		10	
I/O 地址分配		合理		10	
硬件接线图		绘制完整、布局合理		10	
梯形图编制		内容完整、正确		10	
程序下载		内容完整、正确		10	
程序调试		内容完整、正确		10	
PLC 系统运行演示与说明		内容完整、正确		10	
项目报告书		内容完整、正确		10	

8.6　安全规范考评

序号	评价内容	评价标准	分数	得分
1	在完成工作任务过程中,操作是否符合安全操作规程	完全符合要求:15 分; 基本符合要求:10 分; 一般符合要求:5 分; 完全不符合要求:0 分	15	
2	工具摆放、物品包装、导线线头和坏线处置等是否符合职业岗位的要求	完全符合要求:5 分; 错误少于或等于 3 处:每错 1 处扣 1 分; 错误 3 处以上:0 分	5	
3	是否做到尊重师长,遵守实训纪律,爱惜实训室的设备和器材,保持工位的整洁	完全符合要求:10 分 (按实际情况酌情扣分)	10	
4	是否按时参加考勤和值日,行为是否符合职业规范	完全符合要求:70 分; 考勤不合格扣 60 分; 未参加值日扣 10 分; 不符合职业规范的行为,视情节扣 5 ~ 10 分	70	
合计			100	

8.7 课后思考与练习

1.总结顺序功能图的三要素,归纳总结使用顺序控制设计法设计并调试程序的步骤。试运用顺序功能指令完成交通信号灯项目的设计。

2.图 8-5 所示为机械手搬运工件的示意图,其动作过程为:在初始状态下(步 S0)若在工作台 E 点处检测到有工件,则机械手下降(步 S1)至 D 点处,然后开始夹紧工件(步 S2),夹紧时间为 3 s,机械手上升(步 S3)至 C 点处,手臂向左伸出(步 S4)至 B 点处,然后机械手下降(步 S5)至 D 点处,释放工件(步 S6),释放时间为 3 s,将工件放在工作台的 F 点处,机械手上升(步 S7)至 C 点处,手臂向右缩回(步 S0)至 A 点处,一个工作循环结束。若再次检测到工作台 E 点处有工件,则又开始下一工作循环,周而复始。试分析工作流程,画出顺序功能图并设计程序。

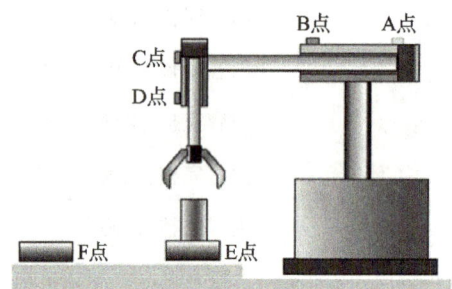

图 8-5 机械手动作过程—顺序动作示例

数据传送、移位功能指令的编程与应用

9.1 项目描述

各地为武汉
加油亮灯

图 9-1 为"铁塔之光"实验单元,本项目需要控制彩灯对铁塔进行装饰,从而达到烘托铁塔的效果。针对不同的场合对彩灯的运行方式的不同要求,可采用 PLC 中的一些特殊指令来进行控制。

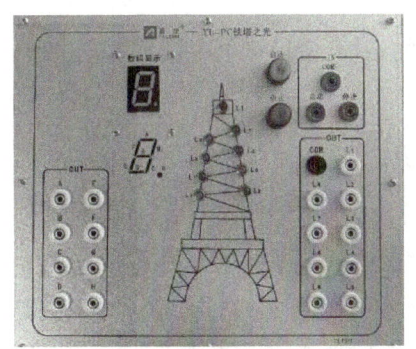

图 9-1 "铁塔之光"实验单元

PLC 运行后,灯光自动开始显示,有时每次只亮一盏灯,顺序从上向下,或是从下向上;有时从底层开始从下向上逐层点亮,然后又从上向下逐层熄灭。运行方式多样,可自行设计。

铁塔之光

任务1 跑马灯

使用S7-200PLC实现一个6盏灯的跑马灯控制。要求:按下启动按钮后,第1盏灯亮,1 s后第2盏灯亮,再过1 s后第3盏灯亮,直到第6盏灯亮;再过1 s后,第1盏灯再次亮起,如此循环。无论何时按下停止按钮,6盏灯全部熄灭。

任务2 流水灯

使用S7-200PLC实现一个6盏灯的流水灯控制。要求:按下启动按钮后,第1盏灯亮,1 s后第1、2盏灯亮,再过1 s后第1、2、3盏灯亮,直到6盏灯全亮;1 s后全灭,再过1 s后,第1盏灯再次亮起,如此循环。无论何时按下停止按钮,6盏灯全部熄灭。同时,系统还要求无论何时按下启动按钮,都从第1盏灯亮起。

任务3 间隔闪烁控制

使用S7-200PLC实现6盏灯的控制。要求:L6→L5→L4→L3→L2→L1六盏灯依次点亮并保持→全部熄灭→全亮→全部熄灭→全亮→全部熄灭→全亮→全部熄灭。无论何时按下停止按钮,6盏灯全部熄灭。

9.2 项目目标

知识目标：

(1)掌握数据传送、移位指令的相关知识。

(2)通过实训进一步理解流水灯、跑马灯、间隔闪烁控制的应用。

技能目标：

(1)正确进行铁塔之光硬件电路的设计。

(2)会根据控制要求,合理分配I/O地址,设计软件程序。

(3)会编译程序、检查程序编写错误、检查上下位机通信和下载程序至PLC主机。

(4)会使用编程软件在线监控程序运行状况。

思政目标：

培养坚守信念、敬业爱岗的精神,懂得每个人做好本职工作,就是对国家最好的贡献。

9.3 相关知识链接

1. 数据传送指令

主要作用是将常数或存储器中的数据传送到另一存储器中。它包括单一数据传送及成组数据传送两大类。常用于设定参数、数据处理以及建立参数表等。

数据传送指令按操作数的数据类型可分为字节 B(8 位)传送(MOVB)、字 W(16 位)传送(MOVW)、双字 DW(32 位)传送(MOVDW)和实数 R(64 位)传送(MOVR)四种。指令如图 9-2 所示。

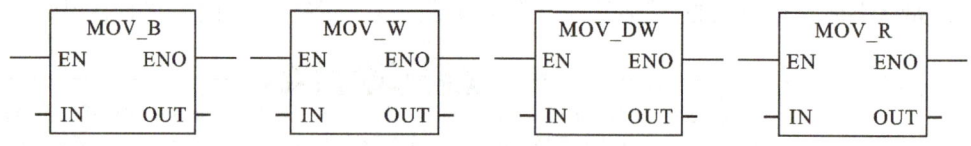

图 9-2 数据传送指令

数据传送指令是当允许端(EN)为 1 时,把输入端(IN)指定的数据传送到输出端(OUT),传送过程中数据保持不变。其中 MOV 代表数据传送指令,MOV 之后的字母代表传送数据的长度。

数据传送指令举例如图 9-3 所示。

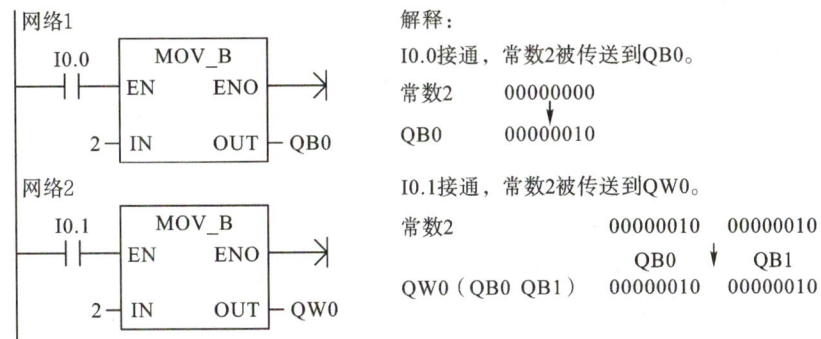

图9－3　数据传送指令举例

2. 移位指令

移位指令包括移位寄存器指令(如图9－4所示)、右移位指令和左移位指令三种。

左/右移位指令是当允许端(EN)为1时,把输入端(IN)指定的数据左/右移 N 位,并将结果存入 OUT 单元。左/右移位指令按操作数的数据类型可分为字节左/右移位指令、字左/右移位指令和双字左/右移位指令。

右移位指令 SHR(B/W/DW)IN　N　OUT

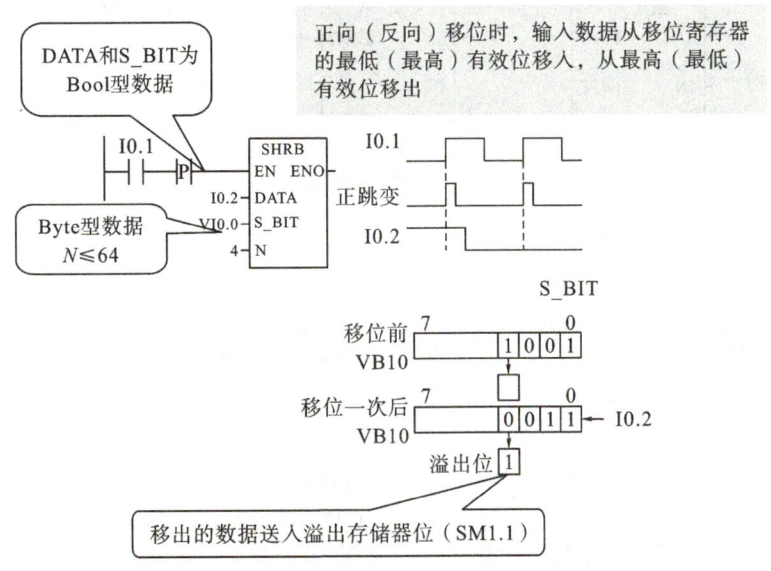

图9－4　移位寄存器指令

通过左移位和右移位指令移位后,产生的空位会自动补零。溢出位(SM1.1)的值就是最后一次移出的位值。如果移位的结果是0,零存储器位(SM1.0)置位。

左移 n 位相当于数据乘以 2 的 n 次方,右移 n 位相当于除以 2 的 n 次方。

移位指令举例说明如图9-5所示。

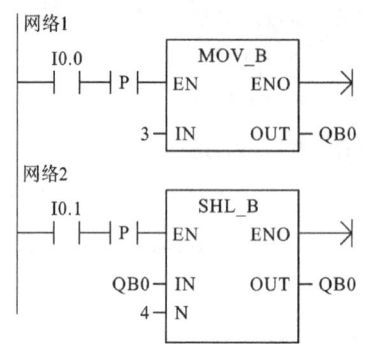

解释：

I0.0接通的上升沿，数据3被传送给QB0

即 QB0中的数据为：00000011

I0.1接通的上升沿，QB0中的数据左移4位，

之后再送到QB0中

移位之后QB0中数据为：00110000

图9-5 移位指令举例

3. 循环移位指令

循环左移位指令是当允许端(EN)为1时,把输入端(IN)指定的数据循环左移 N 位,并将结果存入 OUT 单元。循环左移位指令按操作数的数据类型可分为字节左移位指令、字左移位指令和双字循环左移位指令。如图9-6所示。

循环左移指令:ROL(B/W/DW)IN   N   OUT

循环右移指令:ROR(B/W/DW)IN   N   OUT

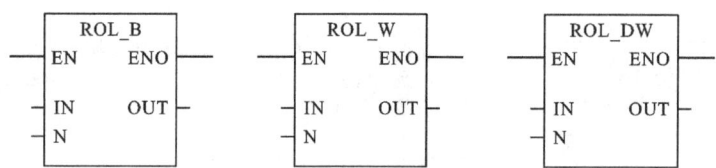

图9-6 循环移位指令

循环移位指令举例如图9-7所示。

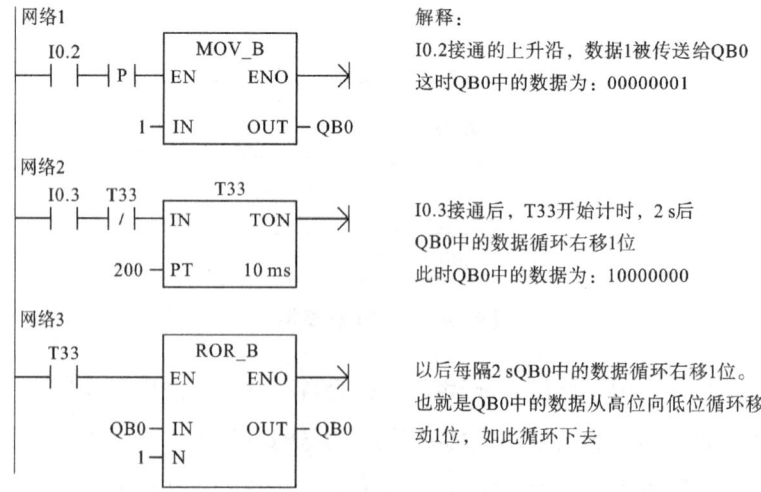

解释：

I0.2接通的上升沿，数据1被传送给QB0

这时QB0中的数据为：00000001

I0.3接通后，T33开始计时，2 s后

QB0中的数据循环右移1位

此时QB0中的数据为：10000000

以后每隔2 sQB0中的数据循环右移1位。

也就是QB0中的数据从高位向低位循环移

动1位，如此循环下去

图9-7 循环移位指令举例

9.4 项目实施

1. 实训准备

(1)实训设备：

PLC 虚拟仿真系统；智能手机、电脑，机电综合实训室；西门子 S7 – 200CPU226 一台，电源模块，按钮模块，编程计算机及电脑推车一套。

(2)软件环境：

PLC 虚拟仿真实训平台，线上教学软件，PLC 系统虚拟仿真动画。

2. 实施步骤

(1)连接 PLC 电源。

(2)连接 PLC 输入端子，写出本项目所接外部设备。

(3)连接 PLC 输出端子，写出本项目所接外部设备。

(4)画出 I/O 地址分配表。

(5)绘制硬件接线图。

(6)编制梯形图。

(7)程序的编译、语法检查及下载调试。

(8)程序的在线监控与项目验收演示。

(9)项目报告书撰写与总结反思。

3. 制订小组工作计划

根据以上任务要求和实施步骤，制订本小组的工作计划。

工作计划表

项目名称：_____　　　　　　　　姓名：_____　　　　　1/4

班级		组号		组长	
组员					
工作地点		任务日期		任务时长	
序号	计划名称	工作内容		完成度	
1		分析控制要求： I/O 分配表： PLC 外设硬件接线： PLC 软件梯形图设计： 项目调试验收：			

序号	计划名称	工作内容	完成度
2		分析控制要求：	
		I/O 分配表：	
		PLC 外设硬件接线：	
		PLC 软件梯形图设计：	
		项目调试验收：	

项目名称：_____　　　　　　姓名：_____　　　　　　3/4

序号	计划名称	工作内容	完成度
3		分析控制要求： I/O 分配表： PLC 外设硬件接线： PLC 软件梯形图设计： 项目调试验收：	

序号	计划名称	工作内容	完成度
4		分析控制要求： I/O 分配表： PLC 外设硬件接线： PLC 软件梯形图设计： 项目调试验收：	

9.5　项目验收考核

采用考核评价计分的模式,满足评价标准即可得分。

班级		姓名		得分	
任务名称		评价标准		分数	
PLC 电源接线		回答及线色选择正确		10	
PLC 输入端子连线		接线规范、线色选择正确		10	
PLC 输出端子连线		接线规范、线色选择正确		10	
I/O 地址分配		合理		10	
硬件接线图		绘制完整、布局合理		10	
梯形图编制		内容完整、正确		10	
程序下载		内容完整、正确		10	
程序调试		内容完整、正确		10	
PLC 系统运行演示与说明		内容完整、正确		10	
项目报告书		内容完整、正确		10	

9.6　安全规范考评

序号	评价内容	评价标准	分数	得分
1	在完成工作任务过程中,操作是否符合安全操作规程	完全符合要求:15 分; 基本符合要求:10 分; 一般符合要求:5 分; 完全不符合要求:0 分	15	
2	工具摆放、物品包装、导线线头和坏线处置等是否符合职业岗位的要求	完全符合要求:5 分; 错误少于或等于 3 处:每错 1 处扣 1 分; 错误 3 处以上:0 分	5	
3	是否做到尊重师长,遵守实训纪律,爱惜实训室的设备和器材,保持工位的整洁	完全符合要求:10 分 (按实际情况酌情扣分)	10	
4	是否按时参加考勤和值日,行为是否符合职业规范	完全符合要求:70 分; 考勤不合格扣60 分; 未参加值日扣 10 分; 不符合职业规范的行为,视情节扣5～10 分	70	
合计			100	

9.7 课后思考与练习

1. MOVB 指令的操作数是(   )类型的数据。

2. 数据循环左移指令是(   )。

3. VW0 由(   )和(   )两个字节组成,其中(   )是高字节。

4. 左移 n 位相当于数据(   )2 的 n 次方,右移 n 位相当于(   )2 的 n 次方。

5. 下列是双字传送类型的是(   )。

A. MOV   B. MOVB   C. MOVW   D. MOVD

6. 试采用已学过的各种 PLC 指令设计一个控制一组装饰彩灯闪烁的方案。

依托上篇基础部分的学习内容,简单了解其他厂家 PLC 机型,迁移融通,通识编程软件语言间共性知识脉络与规律。

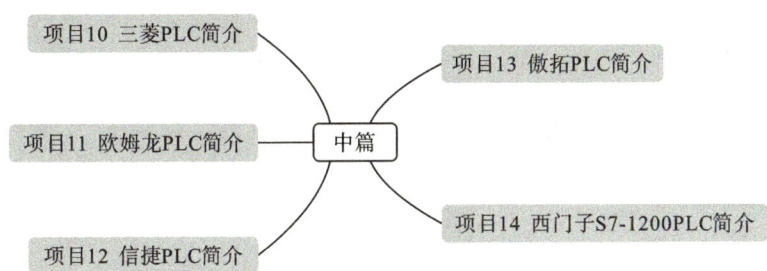

三菱 PLC 简介

10.1 项目描述

使用三菱 FX2-48MRPLC 编写图 10-1 所示交通信号灯系统程序,控制要求如下。

信号灯受启动开关控制。当启动开关接通后,信号灯系统开始工作,初始状态为南北红灯亮,东西绿灯亮。当启动开关断开时,所有信号灯都熄灭。

(1)南北绿灯和东西绿灯不能同时亮;如果同时亮则应关闭信号灯系统,并立刻报警。

(2)南北红灯维持 25 s 后熄灭,之后南北绿灯维持 20 s,闪烁 3 s 后熄灭,最后南北黄灯维持 2 s 熄灭。

(3)东西绿灯维持 20 s,闪烁 3 s 后熄灭,之后东西黄灯维持 2 s 后熄灭,最后东西红灯维持 25 s 熄灭。

(4)上述动作循环进行。

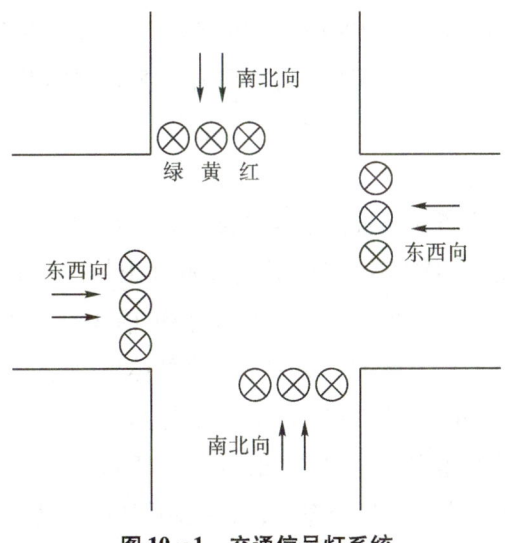

图 10-1　交通信号灯系统

10.2　项目目标

知识目标：

(1)掌握三菱 PLC 的相关知识。

(2)掌握交通灯的原理和应用。

技能目标：

(1)正确进行交通信号灯硬件电路的设计。

(2)会根据交通信号灯控制规则,合理分配 I/O 地址,设计软件程序。

(3)熟悉三菱 PLC 编程软件 GX Works2/GX Developer,会编译程序、检查程序编写错误、检查上下位机通信和下载程序至 PLC 主机。

(4)会使用编程软件在线监控程序运行状况。

思政目标：

(1)养成严谨守时,重视规范,恪守诚信的优良素质。

(2)培养良好的职业素养和严谨的工作态度。

10.3　相关知识链接

三菱公司是日本生产可编程控制器的主要厂家之一。先后推出的小型、超小型可编程控制器有 F,F1,F2,FX2,FX1,FX2C,FX0,FX0N,FX0S,FX2N,FX2NC 等系列。三菱公司的 PLC 是较早进入中国市场的产品。其中 F1/F2 系列小型机是 F 系列的升级产品。继 F1/F2 系列之后,20 世纪 80 年代末三菱公司又推出 FX 系列,在容量、速度、特殊功能、网络功能等功能方面都有了全面的加强。FX2 系列是在 90 年代开发的整体式高功能小型机,它配有各种通信适配器和特殊功能单元。FX2N 是近几年推出的高功能整体式小型机,它是 FX2 的换代产品,各种功能都有了全面的提升。近年来还不断推出满足不同要求的微型 PLC,如 FX0S,FX1S,FX0N,FX1N 及 α 系列等产品。三菱公司的大中型机有 A 系列、QnA 系列、Q 系列,它们具有丰富的网络功能,I/O 点数可达 8192 点。其中 Q 系列具有超小的体积、丰富的机型、灵活的安装方式、双 CPU 协同处理、多存储器、远程口令等特点,性能十分优越。

现以 FX2 系列 PLC 为例,说明其使用方法及特点。FX2 系列 PLC 具有数十种编程元件。FX2 系列 PLC 编程元件的编号分为两个部分,第一部分是代表功能的字母,如输入继电器用"X"表示,输出继电器用"Y"表示;第二部分为数字,数字为该类器件的序号。FX2 系列 PLC 中输入继电器及输出继电器的序号为八进制,其余器件的序号为十进制。我们可以通过元件的最大序号来了解可编程控制器可能具有的某类器件的最大数量。例如,若输入继电器的编号范围为 X0 ~ X127,为八进制编号,则我们可计算出 FX2 系列 PLC 可能接入的最大输入信号数为

128。这是 CPU 所能接入的最大输入信号数量,并不是一台具体的基本单元或扩展单元所安装的输入口的数量。

FX2 系列 PLC 中输入继电器的编号范围为 X0～X127(128 点),梯形图中常见的是输入继电器的常开、常闭触点,它们的工作对象是其他软元件的线圈。输出继电器编号范围 Y0～Y127(128 点)。

辅助继电器有通用辅助继电器、掉电保持辅助继电器和特殊辅助继电器两大类。

(1)通用辅助继电器 M0～M499(500 点)。常用于逻辑运算的中间状态存储及信号类型的变换。

(2)掉电保持辅助继电器 M500～M1023(524 点)。所谓掉电保持,是指在 PLC 外部电源停电后,由机内电池为某些特殊工作单元供电,可以记忆它们在掉电前的状态。编号可由使用者划分,这里介绍的仅为其出厂时的一种安排。

例如,图 10-2 为滑块左右往复运动机构程序示例,X0 和 X1 外接往复运动两端限位开关,若辅助继电器 M600 及 M601 的状态决定电动机的转向,且 M600 及 M601 为掉电保持辅助继电器,则在机构掉电又来电时,电机可仍按掉电前的转向运行,直到改变限位开关的状态才发生转向的变化。

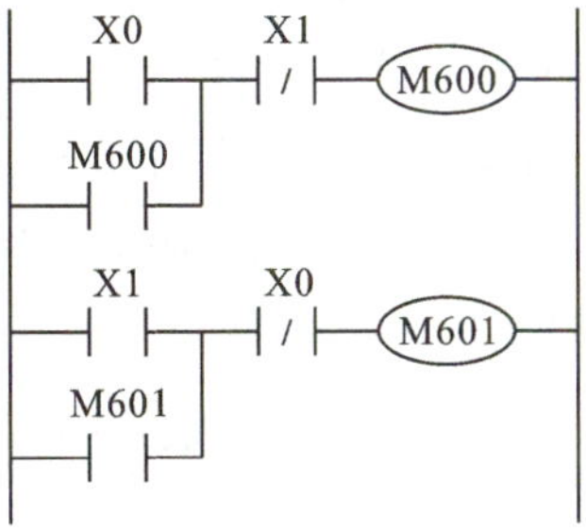

图 10-2　滑块左右往复运动程序示例

(3)特殊辅助继电器 M8000～M8255(256 点)。可根据使用方式分为两类。①只能利用其触点的特殊辅助继电器。其线圈由 PLC 自行驱动,用户只能利用其触点。这类特殊辅助继电器常用作时基、状态标志或专用控制元件。例如:M8000,运行标志(RUN),PLC 运行时监控接通;M8002,初始化脉冲,只在 PLC 开始运行的第一个扫描周期接通;M8012,100 ms 时钟脉冲;M8013,1 s 时钟脉冲。②可驱动线圈的特殊辅助继电器。用户驱动线圈后,PLC 做特定动作。例如:M8030,使 BATTLED(锂电池欠压指示灯)熄灭;M8033,PLC 停止时输出保持;M8034,禁止全部输出;M8039,定时扫描方式。

FX2 系列 PLC 中定时器具有以下四种类型。程序示例如图 10-3 所示。

100 ms 定时器:T0～T199,200 点,计时范围为 0.1 s～3276.7 s;

10 ms 定时器:T200～T245,46 点,计时范围为 0.01 s～327.67 s;

1 ms 定时器:T246 ~ T249,4 点(中断动作),计时范围为 0.001 s ~ 32.767 s;

100 ms 积算定时器:T250 ~ T255,6 点,计时范围为 0.1 s ~ 3276.7 s。

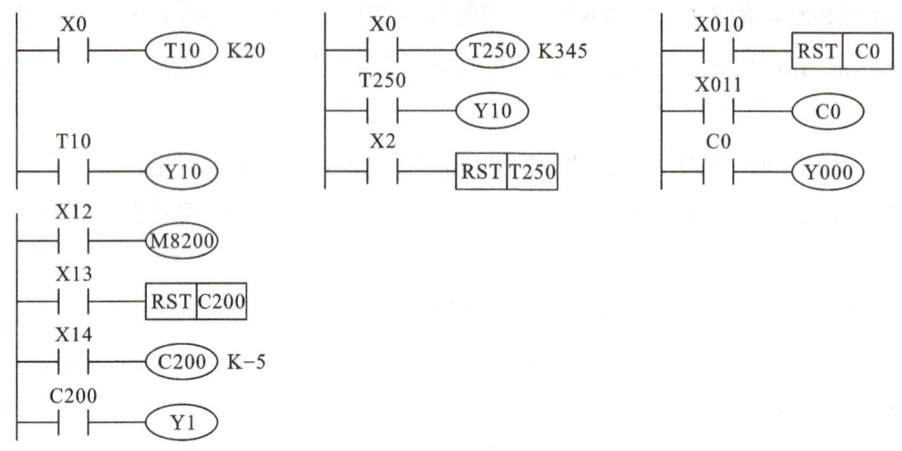

图 10‑3   定时器和计数器程序示例

定时器可以使用立即数 K 作为设定值,如图"K20""K345",也可用数据寄存器的内容作为设定值,如设定时器的设定值为"D10"而"D10"中的内容为100,则定时器的设定值为100。在使用数据寄存器设定定时器的设定值时,一般使用具有掉电保持功能的数据寄存器。即使如此,当备用电池电压降低时,定时器仍可能发生误动作。

FX2 系列 PLC 中计数器可分内部计数器及外部计数器。内部计数器是对机内元件(X、Y、M、S、T 和 C)的信号计数,机内信号的频率低于扫描频率,因而是低速计数器。对于高于机器扫描频率的信号进行计数,需用高速计数器。

(1)16 位增计数器(设定值 1 ~ 32 767)。通用:C0 ~ C99(100 点);掉电保持用:C100 ~ C199(100 点)。

(2)32 位增/减计数器(设定值 –2 147 483 648 ~ +2 147 483 647)。通用:C200 ~ C219(20 点);掉电保持用:C220 ~ C234(15 点)。

计数方向由特殊辅助继电器 M8200 ~ M8234 设定。对于 C×××,当 M8×××接通时(置1时)为减法计数,当 M8×××断开(置0时),为加法计数。32 位增/减计数器为循环计数器。当前值的增减虽与输出触点的动作无关,但从 +2 147 483 647 起再进行 1 次加计数,当前值就变成 –2 147 483 648;从 –2 147 483 648 起再进行 1 次减计数,当前值就变为 +2 147 483 647。

10.4   项目实施

1. 实训准备

(1)实训设备:

PLC 虚拟仿真系统;智能手机、电脑,机电综合实训室;三菱 PLC 一台,电源模块,按钮模块,编程计算机及电脑推车一套。

（2）软件环境：

PLC 虚拟仿真实训平台,线上教学软件,PLC 系统虚拟仿真动画。

2. 实施步骤

（1）连接 PLC 电源。

（2）连接 PLC 输入端子,写出本项目所接外部设备。

（3）连接 PLC 输出端子,写出本项目所接外部设备。

（4）画出 I/O 地址分配表。

（5）绘制硬件接线图。

（6）编制梯形图。

（7）程序的编译、语法检查及下载调试。

（8）程序的在线监控与项目验收演示。

（9）项目报告书撰写与总结反思。

3. 制订小组工作计划

根据以上任务要求和实施步骤,制订本小组的工作计划。

工作计划表

项目名称:＿＿＿＿＿＿＿＿＿＿＿＿ 姓名:＿＿＿＿＿＿＿ 1/2

班级		组号		组长	
组员					
工作地点		任务日期		任务时长	
计划名称	工作内容				完成度
	分析控制要求: I/O 分配表: PLC 外设硬件接线: PLC 软件梯形图设计:				

计划名称	工作内容	完成度
	项目调试验收：	

10.5　项目验收考核

班级		姓名		得分	
任务名称		评价标准		分数	
PLC 电源接线		回答及线色选择正确		10	
PLC 输入端子连线		接线规范、线色选择正确		10	
PLC 输出端子连线		接线规范、线色选择正确		10	
I/O 地址分配		合理		10	
硬件接线图		绘制完整、布局合理		10	
梯形图编制		内容完整、正确		10	
程序下载		内容完整、正确		10	
程序调试		内容完整、正确		10	
PLC 系统运行演示与说明		内容完整、正确		10	
项目报告书		内容完整、正确		10	

10.5　安全规范考评

序号	评价内容	评价标准	分数	得分
1	在完成工作任务过程中,操作是否符合安全操作规程	完全符合要求:15分; 基本符合要求:10分; 一般符合要求:5分; 完全不符合要求:0分	15	
2	工具摆放、物品包装、导线线头和坏线处置等是否符合职业岗位的要求	完全符合要求:5分; 错误少于或等于3处:每错1处扣1分; 错误3处以上:0分	5	
3	是否做到尊重师长,遵守实训纪律,爱惜实训室的设备和器材,保持工位的整洁	完全符合要求:10分 (按实际情况酌情扣分)	10	
4	是否按时参加考勤和值日,行为是否符合职业规范	完全符合要求:70分; 考勤不合格扣60分; 未参加值日扣10分; 不符合职业规范的行为,视情节扣5~10分	70	
合计			100	

10.7 课后思考与练习

比较三菱 PLC 与西门子 PLC 的异同。

欧姆龙 PLC 简介

11.1 项目描述

设计 PLC 程序控制在两处往返装料/卸料的小车,工作过程如图 11 - 1 所示。

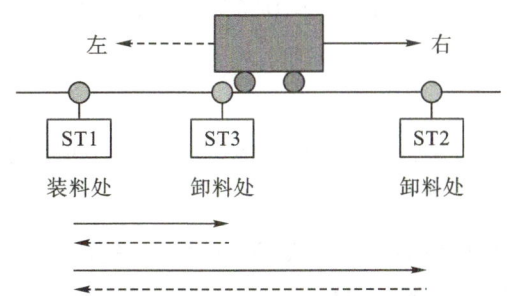

图 11 - 1 两处往返装料/卸料的小车工作过程示意图

控制要求:小车奇数次运行时,在 ST3 卸料。偶数次运行时,在 ST3 处不卸料,在 ST2 处卸料。

I/O 分配表如表 11 - 1 所示。

表 11 - 1 I/O 分配表

输入信号		输出信号	
右行启动 SB1	00000	右行 KM	01000
左行启动 SB2	00001	左行 KM	01001
停车按钮 SB3	00002	装料 KM	01002
行程开关 ST1	00003	卸料 KM	01003
行程开关 ST2	00004		
行程开关 ST3	00005		

11.2 项目目标

知识目标:

(1)掌握欧姆龙 PLC 的相关知识。

(2)掌握两处往返装料/卸料的小车的原理和应用。

技能目标：

(1)正确进行两处往返装料/卸料的小车硬件电路的设计。

(2)会根据两处往返装料/卸料的小车控制规则,合理分配 I/O 地址,设计软件程序。

(3) 熟悉欧姆龙 PLC 编程软件 CX - One(CX - Programmer、CX - Simulator、CX - Designer),会编译程序、检查程序编写错误、检查上下位机通信和下载程序至 PLC 主机。

(4)会使用编程软件在线监控程序运行状况。

思政目标：

了解工匠精神,树立工匠意识,精益求精,并能将"敬业、精益、专注"的工匠精神运用于未来的工作岗位中,为创造出"中国制造""中国服务"的品牌做出贡献。

11.3 相关知识链接

欧姆龙 PLC 产品以其良好的性价比被广泛地应用于化学加工、食品加工、材料处理等工业控制过程中,在我国应用非常广泛。

当前市面上的欧姆龙 PLC 根据 I/O 点数与功能不同,主要分为以下五大类。

(1)微型:CPM1A、CPM2A、CP1H、CP1L。

(2)小型:CPM2C、CQM1H、CJ1M。

(3)中型:C200H、CJ1、CS1。

(4)大型:CV、CS1D。

(5)运动控制器:NJ、NX 等。

OMRON C 系列 PLC 产品门类齐、型号多、功能强、适应面广。大致可以分成微型、小型、中型和大型四大类产品。整体式结构的微型 PLC 机是以 C20P 为代表的机型。叠装式(或称紧凑型)结构的微型机以 CJ 型机最为典型,它具有超小型和超薄型的尺寸。小型 PLC 机以 P 型机和 CPM 型机最为典型,这两种都属坚固整体型结构,具有体积更小、指令更丰富、性能更优越等优点。CPM 型机可以通过 I/O 扩展实现 10 ~ 140 点输入输出点数的灵活配置,并可连接可编程终端直接在屏幕上进行编程,是 OMRON 产品用户目前选用最多的小型机系列产品。OMRON 中型机以 C200H 系列最为典型,主要有 C200H、C200HS、C200HX、C200HG 和 C200HE 等型号。中型机在程序容量、扫描速度和指令功能等方面都优于小型机,除具备小型机的基本功能外,它同时可配置更完善的接口单元模块,如模拟量 I/O 模块、温度传感器模块、高速记数模块、位置控制模块、通信连接模块等。可以与上位计算机、下位 PLC 机及各种外部设备组成具有各种用途的计算机控制系统和工业自动化网络。在一般的工业控制系统中,小型 PLC 机要比大、中型 PLC 机的应用更广泛。在电气设备的控制应用方面,一般采用小型 PLC 机就能够满足需求。

现以欧姆龙 CP1H 系列为例进行说明,CP1H 系列各型号 PLC 产品介绍如表 11 - 2 所示。

表 11－2　欧姆龙 PLC——CP1H 系列

型号	I/O 点数	元件类型	电源	输入点数	输出点数	输出类型	备注
CP1H－X40DR－A	40 点	CPU 单元	—	24 点	16 点	继电器输出	高速计数 50/100 khz，4 轴，usb 端口编程
CP1H－XA40DR－A	40 点	CPU 单元	—	24 点	16 点	继电器输出	高速计数 50/100 khz，4 轴，usb 端口编程，集成模拟量 4 入 2 出
CP1H－X40DT－D	40 点	CPU 单元	—	24 点	16 点	晶体管输出	高速计数 50/100 khz，4 轴，usb 端口编程，脉冲输出；100 khz，2 轴，30 khz，2 轴，集成模拟量 4 入 2 出
CP1W－CIF11	—	CPU 单元用 RS－485 可选板	—	—	—	—	—
CP1W－CIF01	—	CPU 单元用 RS－232 可选板	—	—	—	—	—
CP1W－ME05M	—	内存盒	—	—	—	—	—
CP1W－40EDR	40 点	扩展 I/O 单元	—	24 点	16 点	继电器输出	—
CP1W－20EDR1	20 点	扩展 I/O 单元	—	12 点	8 点	继电器输出	—
CP1W－16ER	16 点	扩展输出单元	—	—	16 点	继电器输出	—
CP1W－8ER	8 点	扩展输出单元	—	—	8 点	继电器输出	—
CP1W－8ED	8 点	扩展输入单元	—	8 点	—	—	DC 输入
CP1W－40EDT	40 点	扩展 I/O 单元	—	24 点	16 点	晶体管输出	漏型
CP1W－20EDT	20 点	扩展 I/O 单元	—	12 点	8 点	晶体管输出	漏型
CP1W－8ET	—	扩展输出单元	—	—	8 点	晶体管输出	漏型
CP1W－AD041	4 路	模拟量输入单元	—	4 路	—	—	分辨率 1/6000
CP1W－DA041	4 路	模拟量输出单元	—	—	4 路	—	分辨率 1/6000
CP1W－DA042	2 路	模拟量输出单元	—	—	2 路	—	分辨率 1/6000
CP1W－MAD11	3 路	模拟量输入输出单元	—	2 路	1 路	—	分辨率 1/6000

CP1W – TS001	2 路	温度传感器单元	—	2 路	—	—	热电偶输入
CP1W – TS002	4 路	温度传感器单元	—	4 路	—	—	热电偶输入
CP1W – TS101	2 路	温度传感器单元	—	2 路	—	—	铂电阻输入
CP1W – TS102	4 路	温度传感器单元	—	4 路	—	—	铂电阻输入
CP1W – CN811	—	CPM1A 扩展单元用 I/O 连接电缆	—	—	—	—	80CN
CP1W – EXT01	—	—	—	—	—	—	CJ1 单元用适配器

CP1H 系列 PLC 的存储区域如表 11 - 3 所示。

表 11 - 3　CP1H 系列 PLC 的存储区域

区域			大小	范围(CH 为通道)
CI0（通道 I/O 区域）	输入/输出继电器区域	输入继电器	272 点	0 ~ 16CH
		输出继电器	272 点	100 ~ 116CH
	内置模拟输入/输出继电器（仅限 XA 型）	内置模拟输入继电器	4 个	200 ~ 203CH
		内置模拟输出继电器	2 个	210 ~ 211CH
	内部辅助继电器		4 800 点 37 504 点	1200 ~ 1499CH 3800 ~ 6143CH
	内部辅助继电器区域		8 192 点	W000 ~ W511
	暂时存储继电器区域		16 个	TR0 ~ TR15
	保持继电器区域		8 192 点	H000 ~ H511
特殊辅助继电器区域	只读(不可写入)		7 168 点	A0 ~ A447
	可读/写		8 192 点	A448 ~ A959
	定时器		4 096 点	T0 ~ T4095
	计数器		4 096 点	C0 ~ C4095
	数据存储区域(DM 区)		32K	D0 ~ D32769
	数据寄存器区域		16 点	DR0 ~ DR15
	变址寄存器区域		16 点	IR0 ~ IR15
	任务标志		32 点	TK0000 ~ TK0031

定时器:

	BCD 方式	BIN 方式
定时器(100 ms)	TIM	TIMX
高速定时器(10 ms)	TIMH	TIMHX
超高速定时器(1 ms)	TMHH	TMHHX

注意:BIN方法的定时器计数时间比BCD方法的要长些,例如TIM的计数时间为999.9 s,而 TIMX 为6 553.5 s。

内部时钟脉冲(0.1 s、0.2 s、1 s)P_0_1s、P_0_2s、P_1s。

欧姆在PLC编程示例如图11-2所示。

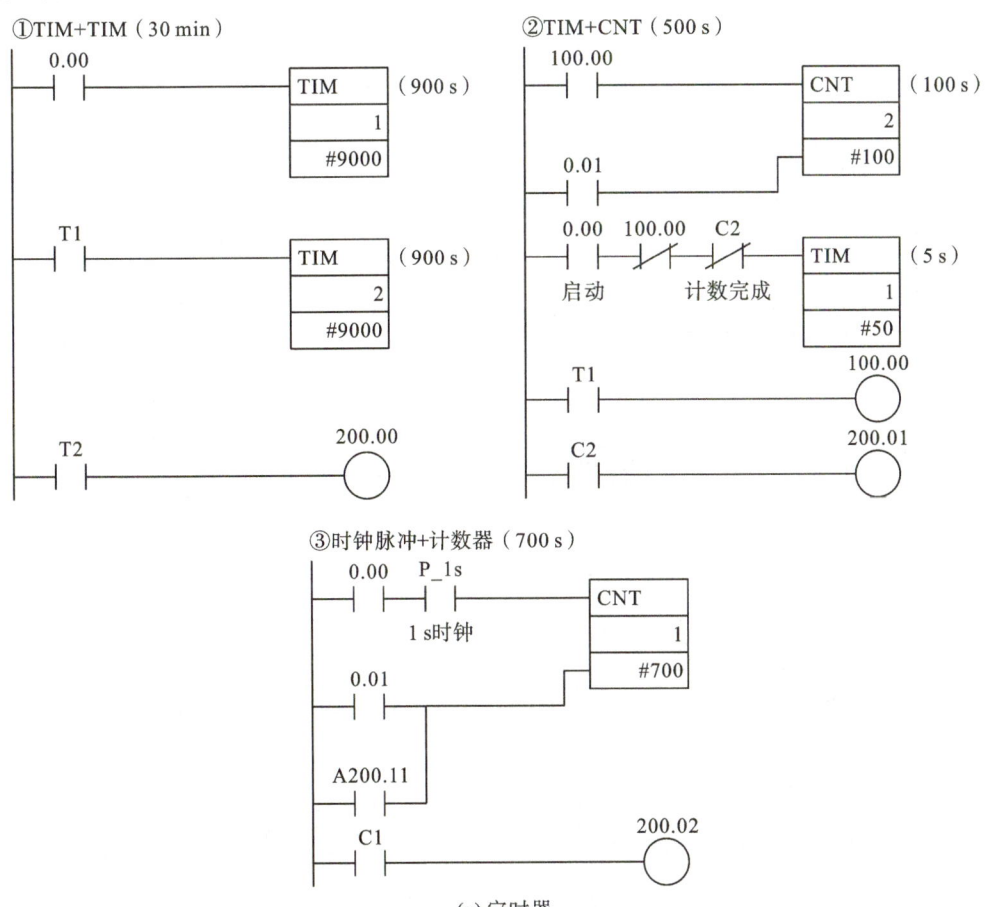

(a)定时器

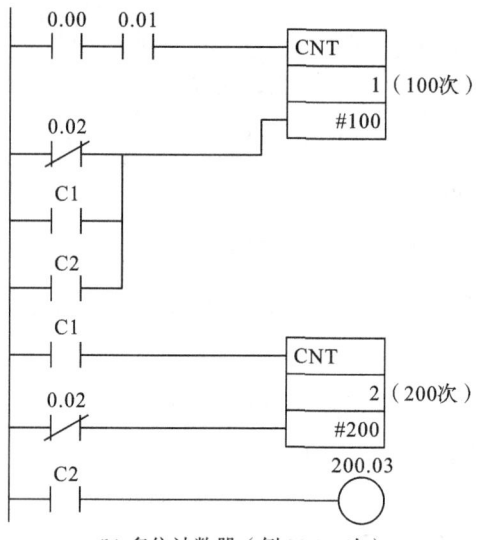

(b) 多位计数器（例 20 000次）

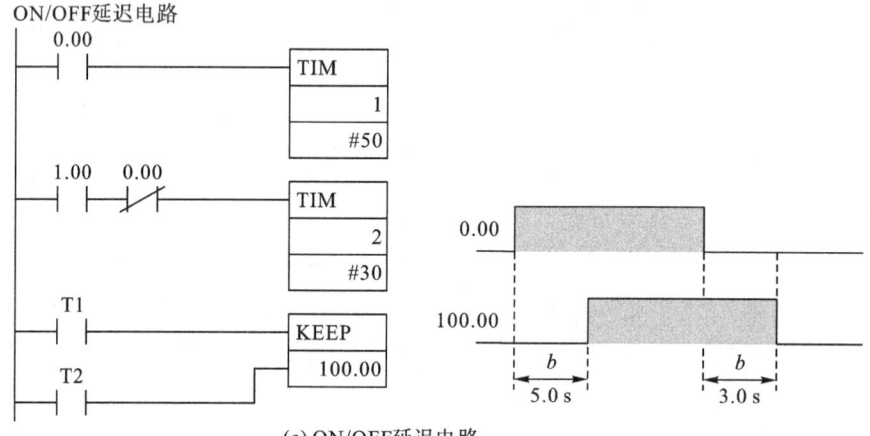

(c) ON/OFF延迟电路

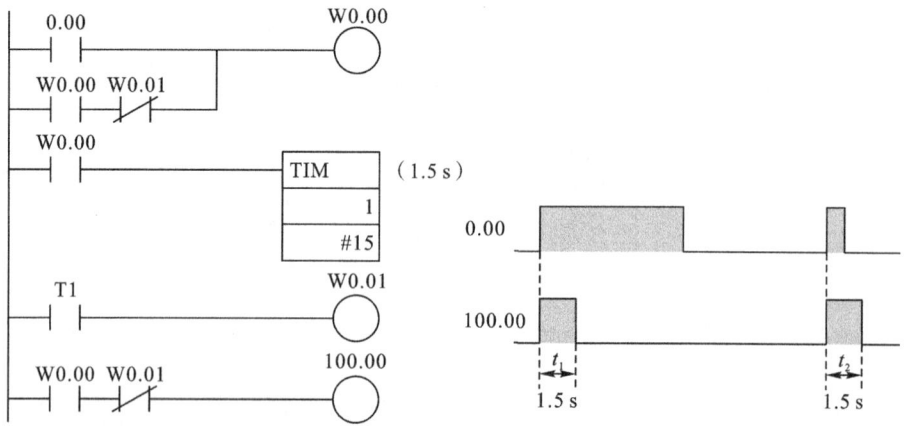

(d) 单稳态电路

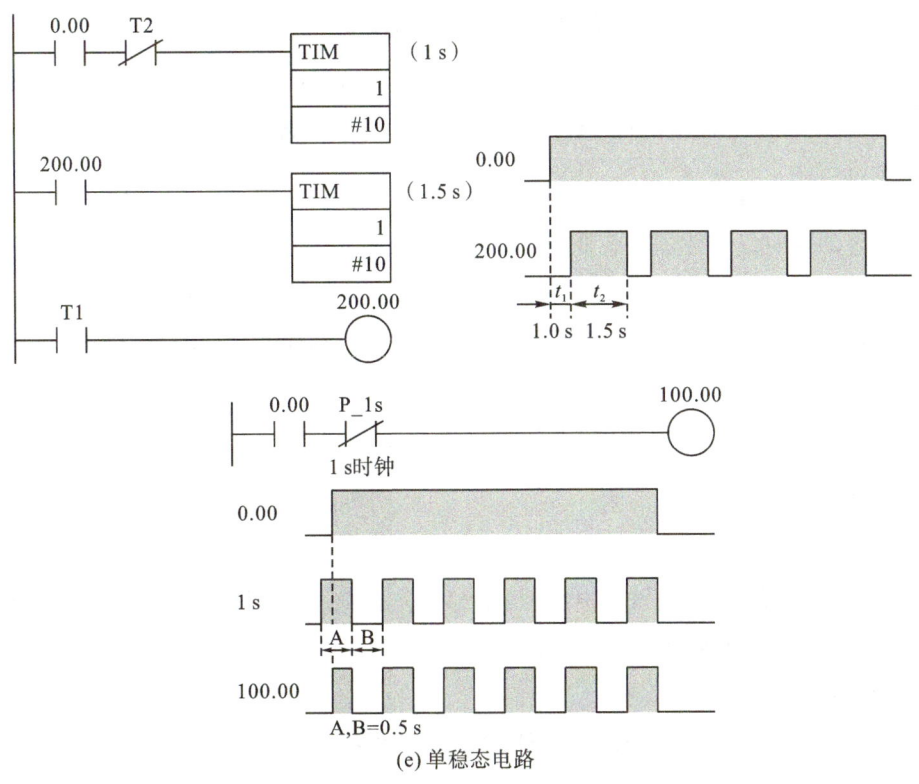

(e) 单稳态电路

图 11-2　欧姆龙 PLC 编程示例

CNT 为减法计数器,如在图 11-3 中,按下控制输入信号 1.09 的按钮则计数器初始值复位为 10,按下控制输入信号 1.07 的按钮,在其上升沿时执行减 1,当减为 0 时计数器状态变 on。

图 11-3　欧姆龙 PLC 计数器编程示例

如表 11-4 所示,CNT 为 BCD 方式,CNTX 为 BIN 方式,它们的功能是一样的,区别在于 BIN 方式记数的上限更大一些。

表 11-4　计数器计数方式表

BCD 方式	BIN 方式
CNT(0~9999 次)	CNTX(0~65535)

CNTR 为可逆计数器,如在 11-3 所示程序电路中,按下 1.07 则计数器加 1,当加到 10 时,再按一次加到 0,这时候计数器状态变 ON。当控制输入信号 1.09 的按钮按下则计数器减 1,当减到 0 时,再按一下减到 10,这时候计数器状态变 ON。因为计数是从 0 算起,所以实际计数次数是你设置值 +1。CNTR 还有一个复位端 W0.01,W0.01 导通时计数器当前值变 0。

11.4　项目实施

1.实训准备

(1)实训设备:

PLC 虚拟仿真系统;智能手机、电脑,机电综合实训室;欧姆龙 CP 系列 PLC 一台,电源模块,按钮模块,编程计算机及电脑推车一套。

(2)软件环境:

PLC 虚拟仿真实训平台,线上教学软件,PLC 系统虚拟仿真动画。

2.实施步骤

(1)连接 PLC 电源。

(2)连接 PLC 输入端子,写出本项目所接外部设备。

(3)连接 PLC 输出端子,写出本项目所接外部设备。

(4)画出 I/O 地址分配表。

(5)绘制硬件接线图。

(6)编制梯形图。

(7)程序的编译、语法检查及下载调试。

(8)程序的在线监控与项目验收演示。

(9)项目报告书撰写与总结反思。

3.制订小组工作计划

根据以上任务要求和实施步骤,制订本小组的工作计划。

工作计划表

项目名称：_____   姓名：_____   1/2

班级		组号		组长	
组员					
工作地点		任务日期		任务时长	
计划名称	工作内容				完成度
	分析控制要求： I/O 分配表： PLC 外设硬件接线： PLC 软件梯形图设计：				

计划名称	工作内容	完成度
	项目调试验收：	

11.5　项目验收考核

班级		姓名		得分	
任务名称		评价标准		分数	
PLC 电源接线		回答及线色选择正确		10	
PLC 输入端子连线		接线规范、线色选择正确		10	
PLC 输出端子连线		接线规范、线色选择正确		10	
I/O 地址分配		合理		10	
硬件接线图		绘制完整、布局合理		10	
梯形图编制		内容完整、正确		10	
程序下载		内容完整、正确		10	
程序调试		内容完整、正确		10	
PLC 系统运行演示与说明		内容完整、正确		10	
项目报告书		内容完整、正确		10	

11.6　安全规范考评

序号	评价内容	评价标准	分数	得分
1	在完成工作任务过程中,操作是否符合安全操作规程	完全符合要求:15 分; 基本符合要求:10 分; 一般符合要求:5 分; 完全不符合要求:0 分	15	
2	工具摆放、物品包装、导线线头和坏线处置等是否符合职业岗位的要求	完全符合要求:5 分; 错误少于或等于 3 处:每错 1 处扣 1 分; 错误 3 处以上:0 分	5	
3	是否做到尊重师长,遵守实训纪律,爱惜实训室的设备和器材,保持工位的整洁	完全符合要求:10 分 (按实际情况酌情扣分)	10	
4	是否按时参加考勤和值日,行为是否符合职业规范	完全符合要求:70 分; 考勤不合格扣 60 分; 未参加值日扣 10 分; 不符合职业规范的行为,视情节扣 5~10 分	70	
合计			100	

11.7 课后思考与练习

1. 总结欧姆龙 PLC 与其他 PLC 用法的区别。

2. 请根据图 11-4 所示两种接线方案,画出 I/O 分配表,编写电动机正反转的梯形图。

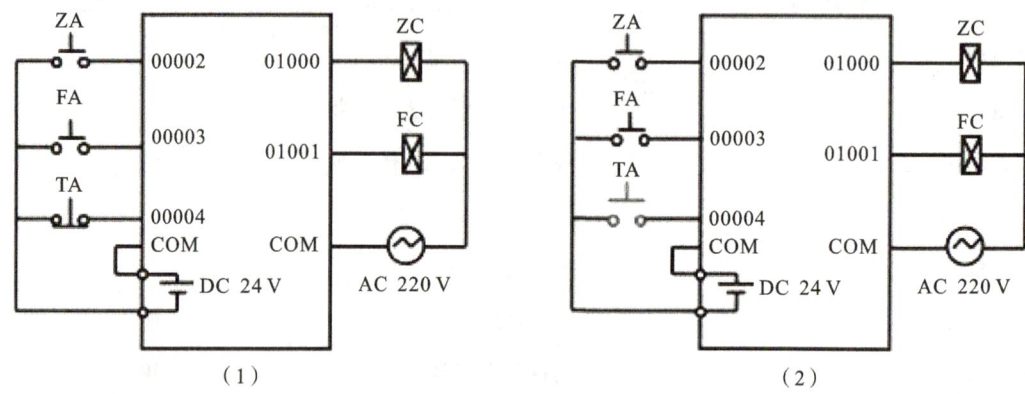

（1）　　　　　　　　　　　　　　　　　　（2）

图 11-4　电动机正反转硬件接线的两种方式

大国工匠刘云清

项目 12

信捷 PLC 简介

12.1　项目描述

请采用信捷 PLC,设计一个七段数码显示管,如图 12 – 1 所示(形态仅供参考)。要求按下启动按钮,7 段数码管可以显示"0"到"9"(每隔一秒变换一次),并一直循环,当按下停止按钮时,数码管灭。

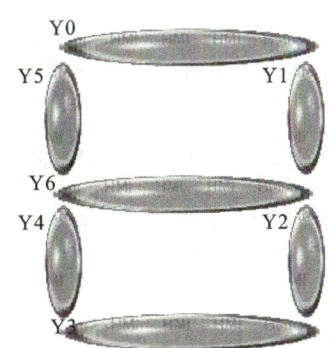

图 12 – 1　7 段数码管示意图

12.2　项目目标

知识目标:

(1)掌握信捷 PLC 的相关知识。

(2)掌握数码管的工作原理和应用。

技能目标:

(1)正确进行数码管硬件电路的设计。

(2)会根据数码管显示控制要求,合理分配 I/O 地址,设计软件程序。

(3)熟悉信捷 PLC 编程软件,会编译程序、检查程序编写错误、检查上下位机通信和下载程序至 PLC 主机。

(4)会使用编程软件在线监控程序运行状况。

思政目标：

通过国内自动化企业在 PLC 领域的创业创新之路，切实感受核心技术研发为国家发展和国民经济所做出的卓绝贡献。核心技术是国之重器，市场换不来核心技术，有钱也买不来核心技术。

12.3 相关知识链接

以信捷 XD 系列 PLC 为例（图 12 - 2）做简要介绍，信捷 PLC 体系型号表见表 12 - 1。

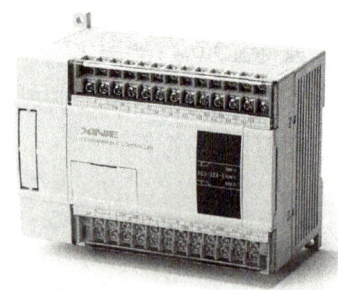

图 12 - 2 信捷 PLC 外形图

表 12 - 1 信捷 PLC 体系型号表

系列	描述
XD1 （经济型）	本系列包含 10、16、24、32 点规格； 基本功能齐全，不支持右扩展模块、左扩展 ED、扩展 BD，能够满足用户的一般使用需求
XD2 （基本型）	本系列包含 16、24、32、48、60 点规格； 功能齐全，不支持右扩展模块，支持左扩展 ED、扩展 BD（16 点不支持），能够满足用户的基本使用需求
XD3 （标准型）	本系列包含 16 点、24 点、32 点、48 点、60 点规格； 功能齐全，能够满足绝大多数用户的使用需求，可接扩展模块、扩展 ED、扩展 BD（16 点不支持）
XD5 （增强型）	本系列包含 16 点、24 点、32 点、48 点、60 点规格； 兼容 XD3 的所有功能，速度是 XC 系列的 12 倍，支持 2 ~ 10 轴高速脉冲输出，具备更大的内部资源空间，可接扩展模块、扩展 ED、扩展 BD（16 点不支持）； XD5 - 48D4T4 - E 机型支持差分输入输出
XDM （运动控制型）	本系列包含 24 点、32 点、60 点规格； 兼容 XD3 的所有功能，支持 4 ~ 10 轴高速脉冲输出，可实现两轴联动、插补、随动等运动控制功能，可接扩展模块、扩展 ED、扩展 BD

续表

系列	描述
XDC（运动总线型）	本系列包含 24 点、32 点、48 点、60 点规格； 兼容 XD3 的所有功能,支持 2～4 轴高速脉冲输出,20 轴总线运动控制,可接扩展模块、扩展 ED、扩展 BD
XD5E（以太网型）	本系列包含 24、30、48、60 点规格； 兼容 XD5 的大部分功能,支持以太网通信,支持 2～10 轴高速脉冲输出,可接扩展模块、扩展 ED、扩展 BD； XD5E-60T4-E 机型支持在线下载功能
XDME（运动控制、以太网型）	本系列包含 30、60 点规格； 兼容 XDM 的大部分功能,支持以太网通信,支持插补、随动等运动控制指令,支持 4～10 轴高速脉冲输出,可接扩展模块、扩展 ED、扩展 BD
XDH（运动控制、以太网型）	本系列包含 60 点规格； 兼容 XD 的大部分功能,支持以太网通信、EtherCAT 总线,支持插补、随动等运动控制指令,支持 4 轴高速脉冲输出,可接扩展模块

XDPPro 是针对 XD 及以上系列 PLC 的编程软件(图 12-3),它的运行环境为 Windows 7、Windows 10、Windows XP 等平台。

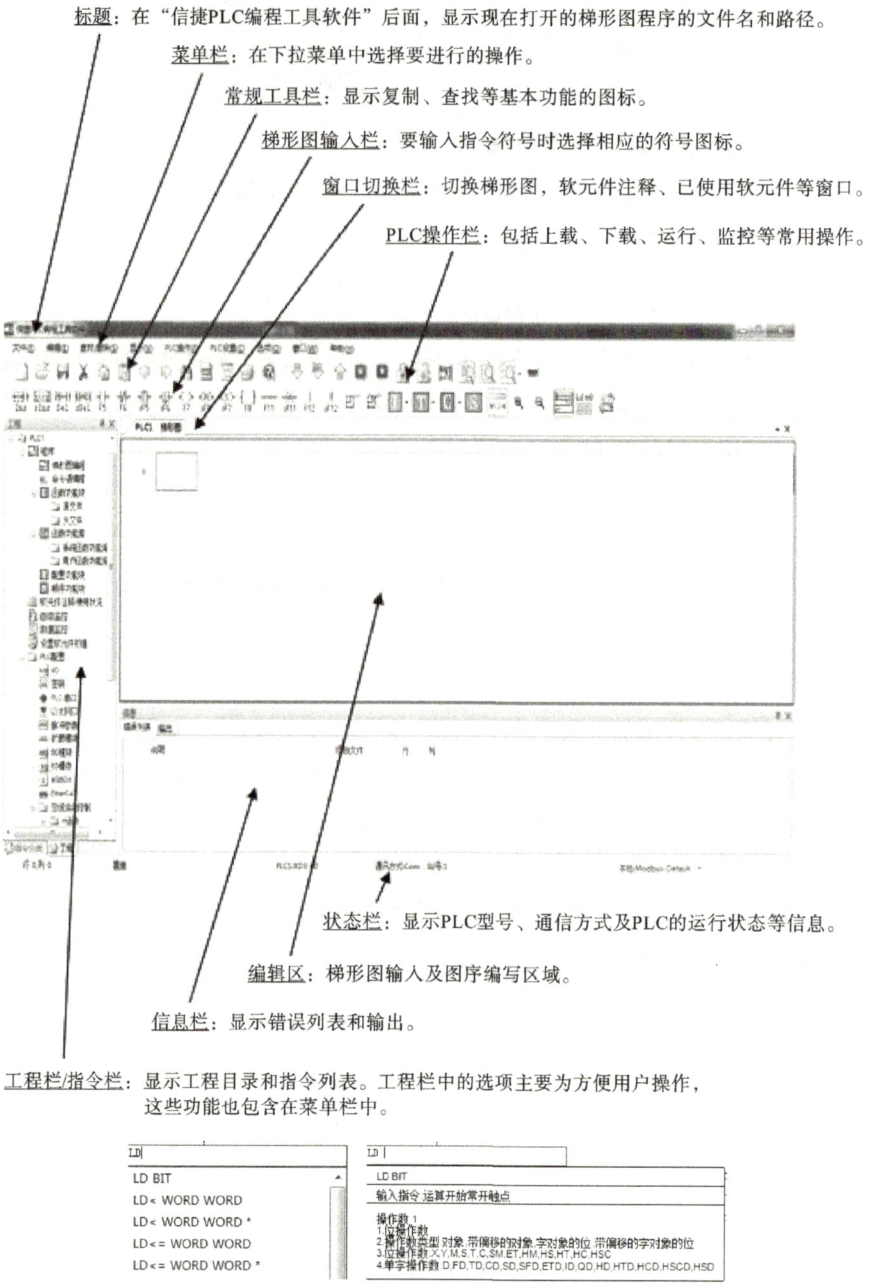

标题：在"信捷PLC编程工具软件"后面，显示现在打开的梯形图程序的文件名和路径。

菜单栏：在下拉菜单中选择要进行的操作。

常规工具栏：显示复制、查找等基本功能的图标。

梯形图输入栏：要输入指令符号时选择相应的符号图标。

窗口切换栏：切换梯形图，软元件注释、已使用软元件等窗口。

PLC操作栏：包括上载、下载、运行、监控等常用操作。

状态栏：显示PLC型号、通信方式及PLC的运行状态等信息。

编辑区：梯形图输入及图序编写区域。

信息栏：显示错误列表和输出。

工程栏/指令栏：显示工程目录和指令列表。工程栏中的选项主要为方便用户操作，这些功能也包含在菜单栏中。

图 12-3　信捷 PLC 编程软件 XDPPro

用户在梯形图模式下写指令时，可以通过点击图标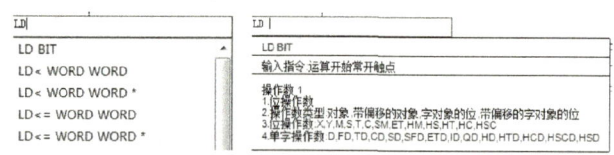打开指令提示功能，手动输入时，系统自动列出联想指令供用户选择，同时对操作数进行选用提示，帮助用户正确快速地完成指令输入。

输入线圈用 X 表示，输出线圈用 Y 表示，基本单元按八进制分配地址。辅助继电器 M、

HM,基本单元按十进制分配地址。定时器 T、HT,时钟脉冲有 1 ms、10 ms、100 ms 三种规格,计数器 C、HC,有 16 位、32 位之分,在基本单元中按照十进制分配地址。数据寄存器 D、HD,常数 B、K、H,分别表示二进制数值、十进制数值、十六进制数值,它们被用作定时器与计数器的设定值和当前值,或应用指令的操作数。

例1 线圈输入输出(图 12 – 4)。

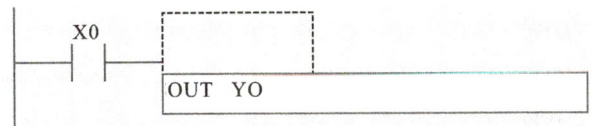

图 12 – 4　信捷 PLC 输入输出编程示例

例2 定时器和计数器。

(1)定时器的输入方式(图 12 – 5):

TMR + 空格 + 定时器编号 + 空格 + 定时时间 + 空格 + 时基(不累加)。

TMR_A + 空格 + 定时器编号 + 空格 + 定时时间 + 空格 + 时基(累加)。

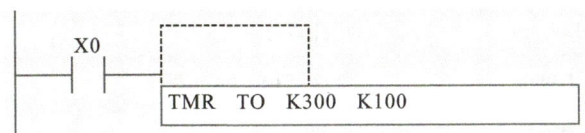

图 12 – 5　信捷 PLC 定时器编程示例

(2)计数器的输入方式(图 12 – 6):

CNT + 空格 + 计数器编号 + 空格 + 计数值(非掉电保持加计数器)。

CNT_D + 空格 + 计数器编号 + 空格 + 计数值(非掉电保持减计数器)。

DCNT + 空格 + 计数器编号 + 空格 + 计数值(掉电保持加计数器)。

DCNT_D + 空格 + 计数器编号 + 空格 + 计数值(掉电保持减计数器)。

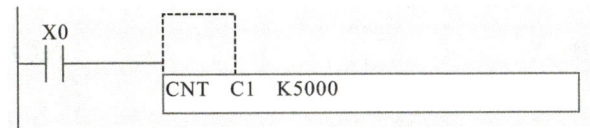

图 12 – 6　信捷 PLC 计数器编程示例

寄存器范围一览(表 12 – 2):

表 12 – 2　信捷 PLC 寄存器表

寄存器类型	范围	功能
M（2000 个）	M0 ~ M99	IO 映射
	M100 ~ M199	通用标志位
	M200 ~ M239	点动标志位（脉冲）
	M240 ~ M299	点动标志位（开关量）
	M300 ~ M399	点动标志位（XNET）
	M400 ~ M499	备用
	M500 ~ M599	触摸屏通知
	M600 ~ M799	备用
	M800 ~ M899	提醒标志位
	M900 ~ M999	报警标志位
	M1000 ~ M1999	M0 ~ M999 对应保持标志位
HM（200 个）	HM0 ~ HM99	特殊标志位
	HM100 ~ HM199	保留
D （2000 个）	D0 ~ D199	特殊寄存器
	D200 ~ D399	脉冲用相关寄存器
	D400 ~ D1999	保留
HD（200）	HD0 ~ HD199	保留
T	……	……
C	……	……

特殊软元件一览（表 12 – 3）：

表 12 – 3　信捷 PLC 特殊软元件表

地址号	功能	说明
SM000	运行常 ON 线圈	PLC 运行时一直为 ON
SM001	运行常 OFF 线圈	PLC 运行时一直为 OFF
SM002	初始正向脉冲线圈	PLC 开始运行后第一个扫描周期为 ON
SM003	初始负向脉冲线圈	PLC 开始运行后第一个扫描周期为 OFF

续表

地址号	功能	说明
SM004	PLC 运行是否出错	当 SM004 置于 ON 时,表示 PLC 运行过程中出现错误（固体版本 V3.4.5 及以上的 PLC 支持此功能）
SM005	电量过低报警线圈	当电池电压低于 2.5 V 时,SM005 将置于 ON(此时请尽快更换电池,否则数据将无法保持)
SM011	以 10 ms 的频率周期震荡	⎍ 5 ms / 5 ms
SM012	以 100 ms 的频率周期震荡	⎍ 50 ms / 50 ms
SM013	以 1 s 的频率周期震荡	⎍ 0.5 s / 0.5 s
SM014	以 1 min 的频率周期震荡	⎍ 30 s / 30 s

在线圈、数据寄存器后加上偏移量后缀(如 X3[D100]、M10[D100]、D0[D100]),可以实现间接寻址功能,如 D100 = 9,M10[D100]表示 M19,D0[D100]表示 D9。在涉及大量位与寄存器运算及存储时,此功能帮助巨大。

定时器的编程举例(图 12 - 7):

对线圈 M0 的 OFF→ON 的通断进行计时,当 T0 达到设定值 K10 时,输出触点 T0 动作,即 T0 的状态由 OFF 转变为 ON。此后,定时器 T0 仍然继续计时,为了将此清除,令 M1 为接通状态,使输出触点复位。

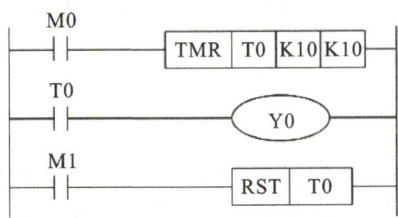

图 12 - 7　信捷 PLC 定时器编程举例

停电保持用计数器,即使在停电时,仍保持当前值及输出触点的动作状态和复位状态。

编程举例(图12-8):

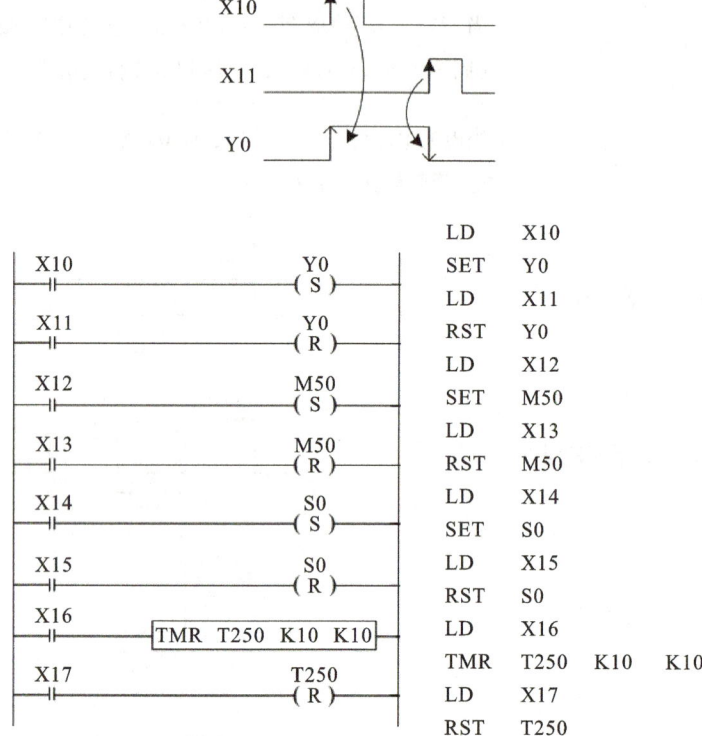

图12-8 信捷PLC编程举例

12.4 任务实施

1. 实训准备

(1)实训设备:

PLC虚拟仿真系统;智能手机、电脑,机电综合实训室;信捷XD3系列PLC一台,电源模块,按钮模块,编程计算机及电脑推车一套。

(2)软件环境:

PLC虚拟仿真实训平台,线上教学软件,PLC系统虚拟仿真动画。

2. 实施步骤

(1)连接PLC电源。

(2)连接PLC输入端子,写出本项目输入端子所接外部设备。

(3)连接PLC输出端子,写出本项目输出端子所接外部设备。

(4)画出I/O地址分配表。

（5）绘制硬件接线图。

（6）编制梯形图。

（7）编译程序、检查语法及下载调试。

（8）程序的在线监控与项目验收演示。

（9）撰写项目报告书并总结反思。

3.制订小组工作计划

根据以上任务要求和实施步骤,制订本小组的工作计划。

工作计划表

项目名称：_____　　　　　姓名：_____　　　　　1/2

班级		组号		组长	
组员					
工作地点		任务日期		任务时长	
计划名称	工作内容				完成度
	分析控制要求： I/O 分配表： PLC 外设硬件接线： PLC 软件梯形图设计：				

计划名称	工作内容	完成度
	项目调试验收：	

12.5　任务验收考核

班级		姓名		得分	
任务名称		评价标准		分数	
PLC 电源接线		回答及线色选择正确		10	
PLC 输入端子连线		接线规范、线色选择正确		10	
PLC 输出端子连线		接线规范、线色选择正确		10	
I/O 地址分配		合理		10	
硬件接线图		绘制完整、布局合理		10	
梯形图编制		内容完整、正确		10	
程序下载		内容完整、正确		10	
程序调试		内容完整、正确		10	
PLC 系统运行演示与说明		内容完整、正确		10	
项目报告书		内容完整、正确		10	

12.6　安全规范考评

序号	评价内容	评价标准	分数	得分
1	在完成工作任务过程中,操作是否符合安全操作规程	完全符合要求:15 分; 基本符合要求:10 分; 一般符合要求:5 分; 完全不符合要求:0 分	15	
2	工具摆放、物品包装、导线线头和坏线处置等是否符合职业岗位的要求	完全符合要求:5 分; 错误少于或等于 3 处:每错 1 处扣 1 分; 错误 3 处以上:0 分	5	
3	是否做到尊重师长,遵守实训纪律,爱惜实训室的设备和器材,保持工位的整洁	完全符合要求:10 分 (按实际情况酌情扣分)	10	
4	是否按时参加考勤和值日,行为是否符合职业规范	完全符合要求:70 分; 考勤不合格扣 60 分; 未参加值日扣 10 分; 不符合职业规范的行为,视情节扣 5~10 分	70	
合计			100	

12.7　课后思考与练习

总结信捷 PLC 与其他型号 PLC 用法的区别。

傲拓 PLC 简介

13.1　项目描述

请采用傲拓 NA2000 系列 PLC,编写四人抢答器系统程序(图 13 - 1),
控制要求:

编程方法概述

(1)主持人按下允许按钮(自复位按钮),允许指示灯亮后开始抢答。

(2)四位抢答人各有一个抢答按钮(自复位按钮),抢答成功后指示灯点亮,一人抢答成功后其他人不能抢答或者按下抢答按钮无效。

(3)抢答完成后主持人按下确认(或者清零)按钮,所有指示灯熄灭,所有人均不能抢答。

(4)主持人面前设置座位号显示数码管,以显示抢答成功的座位号。

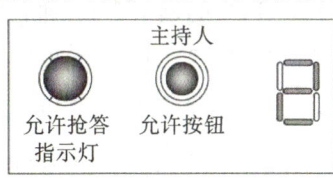

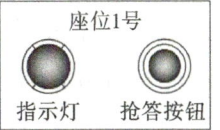 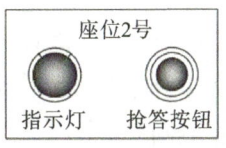 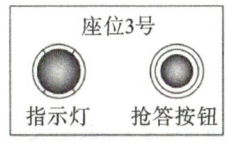 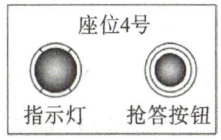

图 13 - 1　四人抢答器示意图

13.2　项目目标

知识目标:

(1)掌握傲拓 PLC 的相关知识,傲拓 PLC 分为大型 NA400、中型 NA300、小型 NA2000 和 NA200H 等系列,不同项目选型不同。

(2)掌握 NA2000 的选型。

(2)掌握 NA2000 的原理和应用。

技能目标：

(1)正确进行四人抢答器硬件电路的设计。

(2)会根据抢答器控制规则，合理分配 I/O 地址，设计软件程序。

(3)熟悉傲拓 PLC 编程软件 NAPRo，会编译程序、检查程序编写错误、检查上下位机通信和下载程序至 PLC 主机。

(4)会使用编程软件在线监控程序运行状况。

思政目标：

傲拓 PLC 广泛应用于水利水电、风电等能源项目，由此可以看到我国积极推进碳达峰、能源生产和消费革命，构建"清洁低碳、安全高效"的能源体系的有力行动，绿色发展、低碳经济理念的认真实践，彰显了大国风范，体现了大国担当。通过本项目抢答器系统程序的编写学习，培养自身严于律己，重视规则，恪守诚信的优良素质和良好的职业素养及严谨的工作态度。

13.3　相关知识链接

傲拓科技拥有大中小型全系列 PLC 产品，每个系列又分为通用型 NA PLC 和自主可控型 NJ PLC 两大家族。傲拓科技作为国产 PLC 的领军企业，拥有大量应用案例。

NA2000 – PLC 是一款小型 PLC(图 13 –2)，基于集成化、小型化、网络化的开发思路，面向物联网终端控制单元及自动化终端机械设备控制单元的核心应用。拥有强大的扩展能力，最大扩展 14 个模块，还可以扩展 BD 板卡。拥有大容量编程空间，可容纳用户程序 512 KB，可使用 MicroSD 卡，最大扩展至 16 GB。多种通信接口，支持双以太网接口、双 RS485 接口，可选配 GPRS/3G/4G 无线、ZigBee/LoRa 局域无线。支持总线型以太网级联方式。支持多种无线通信方式(Zigbee、GPRS、3G/4G、LoRa)，可以实现 PLC 和远程数据中心的无线数据传输，可以实现 PLC 与 PLC 的无线数据传输，也可以实现 PLC 和无线终端设备的无线数据传输。支持高速脉冲输出(4 * 200 KB)，高速计数输入(2 * 100 KB)，I/O 中断。具备强大的运动控制功能，支持任意两轴直线、圆弧插补，适用于自动化设备的运动控制。

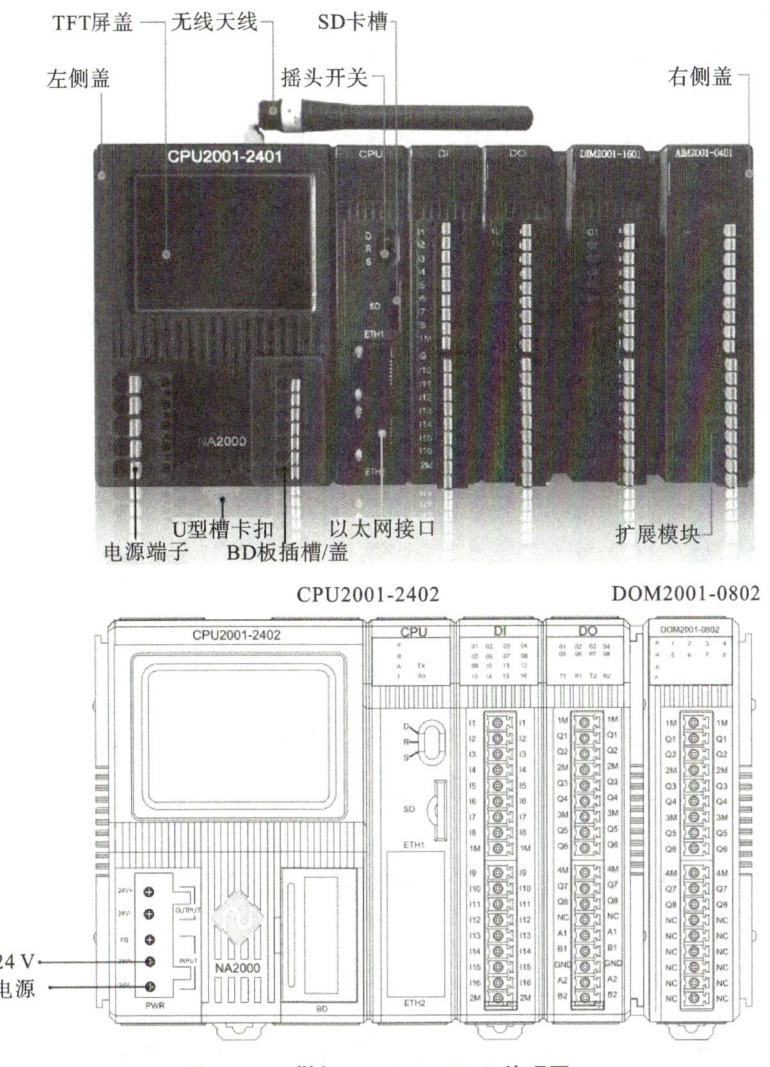

图 13－2 傲拓 NA2000－PLC 外观图

NAPro 软件是用于 NA－PLC（包括 NA200H、NA300、NA400、NA2000、NJ200、NJ300 和 NJ400）编程、调试和运行的软件。NAPro 包括编辑器、编译器、调试器、仿真器和图形用户界面工具，主要完成项目管理、硬件配置、测点组态、软件编程、离线仿真、调试及下载工作（图 13－3）。

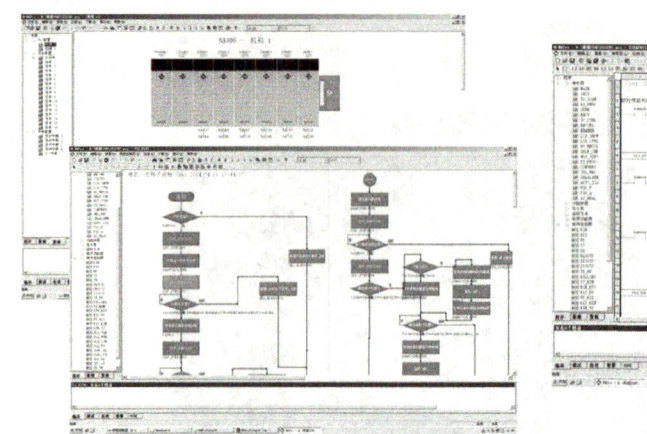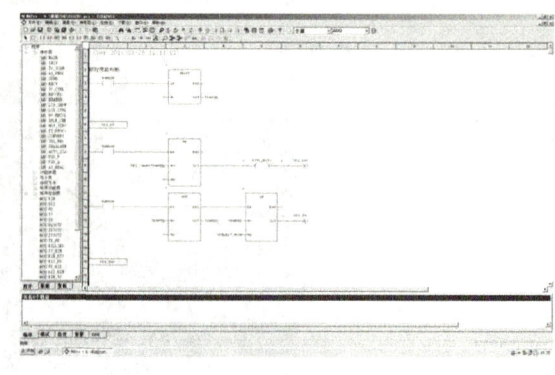

图 13-3　傲拓 NAPro 软件界面

13.4　任务实施

1. 实训准备

（1）实训设备：

PLC 虚拟仿真系统；智能手机、电脑，机电综合实训室；傲拓 CPU2001-2402 一台，DOM2001-0802 一台，电源模块，按钮模块，编程计算机及电脑推车一套。

（2）软件环境：

PLC 虚拟仿真实训平台，线上教学软件，PLC 系统虚拟仿真动画。

2. 实施步骤

（1）连接 PLC 输入端子，写出本项目输入端子所接外部设备：自复位按钮 6 个。

（2）连接 PLC 输出端子，写出本项目输出端子所接外部设备：指示灯 12 个。

（3）准备 100 W 开关电源一个，连接 PLC 电源端子和输入输出公共端。

（4）根据功能需求画出 I/O 地址分配表。

（5）绘制硬件接线图。

（6）编制梯形图。

（7）编译程序、检查语法及下载调试。

（8）程序的在线监控与项目验收演示。

（9）撰写项目报告书并总结反思。

3. 制订小组工作计划

根据以上任务要求和实施步骤，制订本小组的工作计划。

工作计划表

项目名称：_____　　　　　　　　姓名：_____　　　　　　1/2

班级		组号		组长	
组员					
工作地点		任务日期		任务时长	
计划名称	工作内容			完成度	

计划名称	工作内容	完成度
	分析控制要求： I/O 分配表： PLC 外设硬件接线： PLC 软件梯形图设计：	

计划名称	工作内容	完成度
	项目调试验收：	

13.5 任务验收考核

班级		姓名		得分	
任务名称		**评价标准**		**分数**	
PLC 电源接线		回答及线色选择正确		10	
PLC 输入端子连线		接线规范、线色选择正确		10	
PLC 输出端子连线		接线规范、线色选择正确		10	
I/O 地址分配		合理		10	
硬件接线图		绘制完整、布局合理		10	
梯形图编制		内容完整、正确		10	
程序下载		内容完整、正确		10	
程序调试		内容完整、正确		10	
PLC 系统运行演示与说明		内容完整、正确		10	
项目报告书		内容完整、正确		10	

13.6 安全规范考评

序号	评价内容	评价标准	分数	得分
1	在完成工作任务过程中,操作是否符合安全操作规程	完全符合要求:15 分; 基本符合要求:10 分; 一般符合要求:5 分; 完全不符合要求:0 分	15	
2	工具摆放、物品包装、导线线头和坏线处置等是否符合职业岗位的要求	完全符合要求:5 分; 错误少于或等于 3 处:每错 1 处扣 1 分; 错误 3 处以上:0 分	5	
3	是否做到尊重师长,遵守实训纪律,爱惜实训室的设备和器材,保持工位的整洁	完全符合要求:10 分 (按实际情况酌情扣分)	10	
4	是否按时参加考勤和值日,行为是否符合职业规范	完全符合要求:70 分; 考勤不合格扣 60 分; 未参加值日扣 10 分; 不符合职业规范的行为,视情节扣 5~10 分	70	
合计			100	

13.7　课后思考与练习

抢答器的功能可以做不同扩展延伸,请思考分析如何进行控制系统的补充完善与优化设计,以下三个功能项可作为参考。

(1)主持人允许按钮按下才可以抢答,否则抢答无效。

(2)抢答人数码管增加为 4 个,分别显示每个座位的抢答次数。

(3)抢答人指示灯变为抢答成功后以 1 秒频率闪烁。

项目 14 西门子 S7 – 1200PLC 简介

14.1　项目描述

编码技能　西门子
S7 – 1200 编程指南

现有 5 个按键 SB1 ～ SB5，请设计基于 S7 – 1200PLC 的密码锁，需满足以下控制要求。

(1)SB1 为启动键，按下 SB1 键，才可进行开锁工作。

(2)SB2、SB3 为可按压键。开锁条件：SB2 设定按压次数为 3 次，SB3 设定按压次数为 2 次。同时，SB2、SB3 是有顺序的，先按 SB2，后按 SB3。如果按上述规定按压，密码锁自动打开。

(3)SB5 为不可按压键，一旦按压，警报器就会发出警报。

(4)SB4 为复位键，按下 SB4 键后，可重新进行开锁作业。如果按错键，则必须进行复位操作，所有的计数器都被复位。

根据控制要求，首先确定 I/O 个数，进行 I/O 地址分配（表 14 – 1）。

表 14 - 1　I/O 地址分配

输入			输出		
符号	地址	功能	符号	地址	功能
SB1	I0.0	开锁键	KM	Q0.0	开锁
SB2	I0.1	可按压键	HA	Q0.1	报警
SB3	I0.2	可按压键			
SB4	I0.3	复位键			
SB5	I0.4	报警键			

画出密码锁的硬件接线图（图 14 – 1）：

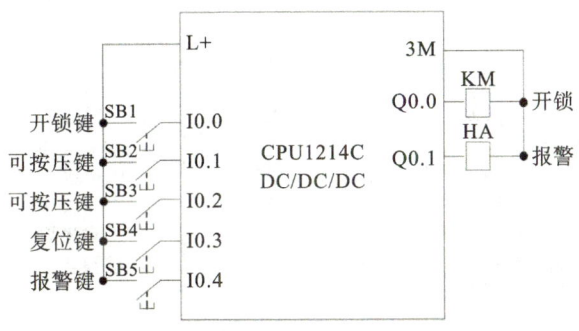

图 14 – 1　密码锁的硬件接线图

14.2　项目目标

知识目标：

（1）掌握西门子 S7 –1200PLC 的相关知识。

（2）掌握密码锁的原理和应用。

技能目标：

（1）正确进行密码锁硬件电路的设计。

（2）会根据密码锁控制规则，合理分配 I/O 地址，设计软件程序。

（3）熟悉 TIA 博途编程软件，会建立项目组态、设计程序、编译程序、检查程序编写错误、检查上下位机通信和下载程序至 PLC 主机。

（4）会使用编程软件在线监控程序运行状况。

思政目标：

通过中国高铁发展史，切实感受引进吸收再创新的高铁技术来之不易，"梅花香自苦寒来"，厚积薄发才能追赶超越，注重研发，积累人才是长期技术竞争力的源泉。

14.3　相关知识链接

S7 –1200 是西门子公司的新一代小型 PLC，它将微处理器、电源、数字量输入/输出电路、模拟量输入/输出电路、PROFINET 以太网接口、高速运动控制功能组合到一个设计紧凑的外壳中。S7 –1200 系列 PLC 比 S7 –200 系列 PLC 具有更快的运算速度，执行一条布尔运算指令只需要 0.08 微秒的时间，执行一条实时运算指令只需要 2.3 微秒的时间。

西门子 S7 –1200 系列的命名规则分为三部分，第一部分为模块标识符，第二部分为 PLC 系列，最后一部分的数值代表不同的模块（图 14 –2）。模块类型包括 CPU 中央处理器模块、PM 电源模块、SM 信号模块、SB 信号板、CM 通信模块。PLC 系列 12 表示 1200 系列，15 表示 1500 系列。最后一部分数值的第一位代表不同的模块，1 为 CPU 模块，2 为数字量模块，3 为模拟量模块，4 为通信模块，第二位数字代表不同型号的产品。比如 CPU1214C，表示是 1200 系列的 CPU 模块，型号是为 CPU1214C 的产品；再比如 SM1221，表示的是数字量信号模块；SB1222 表示的是数字量信号板。

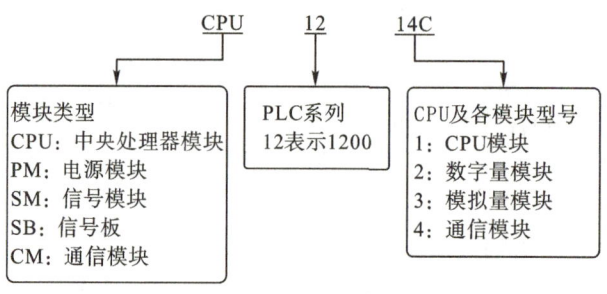

图 14 –2　命名规则

SIMATIC S7 - 1200 系统有多种不同模块,分别为 CPU1211C、CPU1212C、CPU1214C、CPU1215C、CPU1217C、CPU1214FC、CPU1215FC 等。其中的每一种模块都可以进行扩展,以完全满足系统的需要。可在任何 CPU 的前方加入一个信号板,轻松扩展数字或模拟量 I/O,同时不影响控制器的实际大小。可将信号模块连接至 CPU 的右侧,进一步扩展数字量或模拟量 I/O 容量。CPU1212C 可连接 2 个信号模块,CPU1214C 可连接 8 个信号模块。最后,所有的 SIMATIC S7 - 1200 CPU 控制器的左侧均可连接多达 3 个通信模块,便于实现端到端的串行通信。S7 - 1200PLC系统外部设备见图 14 - 3,S7 - 1200PLC 程序示例见图 14 - 4。S7 - 1200 软元件的图形符号及功能见表 14 - 2。

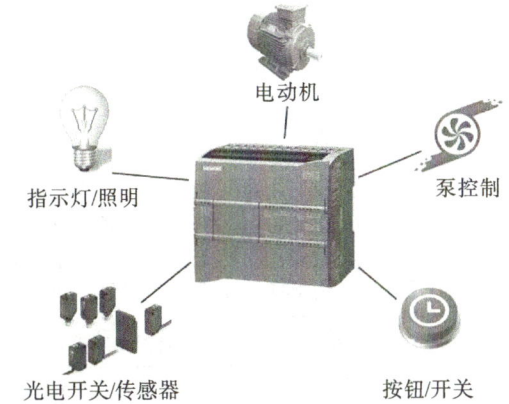

图14-3　S7-1200PLC 系统外部设备

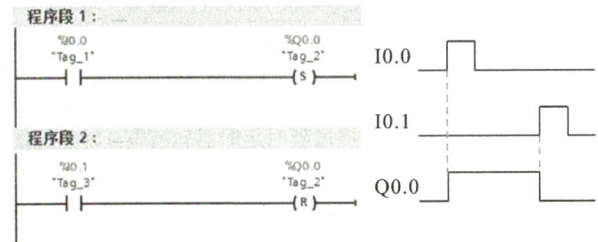

图14-4　S7-1200PLC 程序示例

表14-2　S7-1200 软元件

图形符号	功能	图形符号	功能
—┤├—	常开触点(地址)	—(S)—	置位线圈
—┤/├—	常闭触点(地址)	—(R)—	复位线圈
—( )—	输出线圈	—(SET_BF)—	置位域
—(/)—	取反线圈	—(RESET_BF)—	复位域

续表

图形符号	功能	图形符号	功能
──│NOT│──	取反逻辑	──│P│──	P 触点,上升沿检测
RS 置位优先型 RS 触发器		──│N│──	N 触点,下降沿检测
		──(P)──	P 线圈,上升沿
		──(N)──	N 触点,下降沿
SR 置位优先型 SR 触发器		P_TRIG CLK Q	在信号上升沿置位输出
		N_TRIG CLK Q	在信号下降沿置位输出

程序使用举例(图 14 – 5、图 14 – 6):

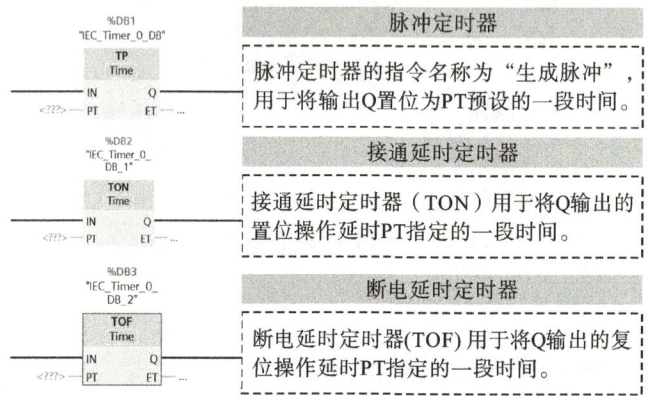

脉冲定时器
脉冲定时器的指令名称为"生成脉冲",用于将输出Q置位为PT预设的一段时间。

接通延时定时器
接通延时定时器(TON)用于将Q输出的置位操作延时PT指定的一段时间。

断电延时定时器
断电延时定时器(TOF)用于将Q输出的复位操作延时PT指定的一段时间。

图 14 – 5　脉冲定时器、接通延时定时器和断电延时定时器

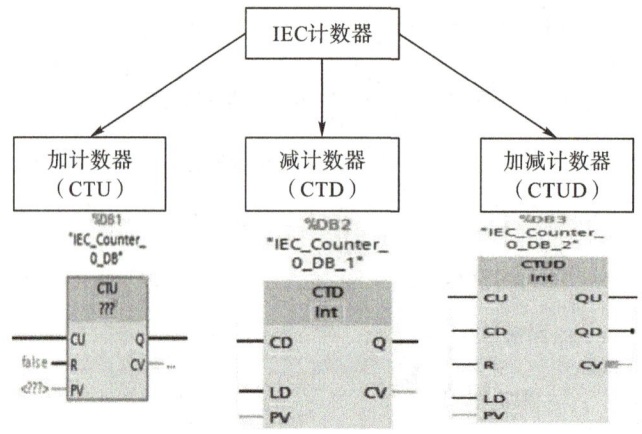

图 14 – 6　博途软件中定时器和计数器示例

TIA 博途(Totally Integrated Automation Portal)软件为全集成自动化的实现提供了统一的

工程平台。它是软件开发领域的一个里程碑,是工业领域第一个带有"组态设计环境"的自动化软件。TIA 博途 V15 软件架构主要包含 SIMATIC STEP 7 V15、SIMATIC WinCC V15、StartDrive V15、Scout TIA V5.2 SP1 及全新数字化软件选件等。软件安装条件(表 14 – 3):

表 14 – 3　TIA 博途软件安装要求

硬件	要求
处理器	Intel © Core ™ i5 – 6440EQ(最高 3.4 GHz)以上
RAM	16 GB (最小 8 GB,大项目为 32 GB)
硬盘	SSD,50 GB 的可用空间
操作系统	Windows 7(64 位); Windows 7 Ultimate SP1; Windows 10(64 位); Windows 10 Professional Version 1809 及以上
显示器	15.6"全高清显示屏(1920 × 1080 或更高)及以上

博途软件的项目视图如图 14 – 7 所示:

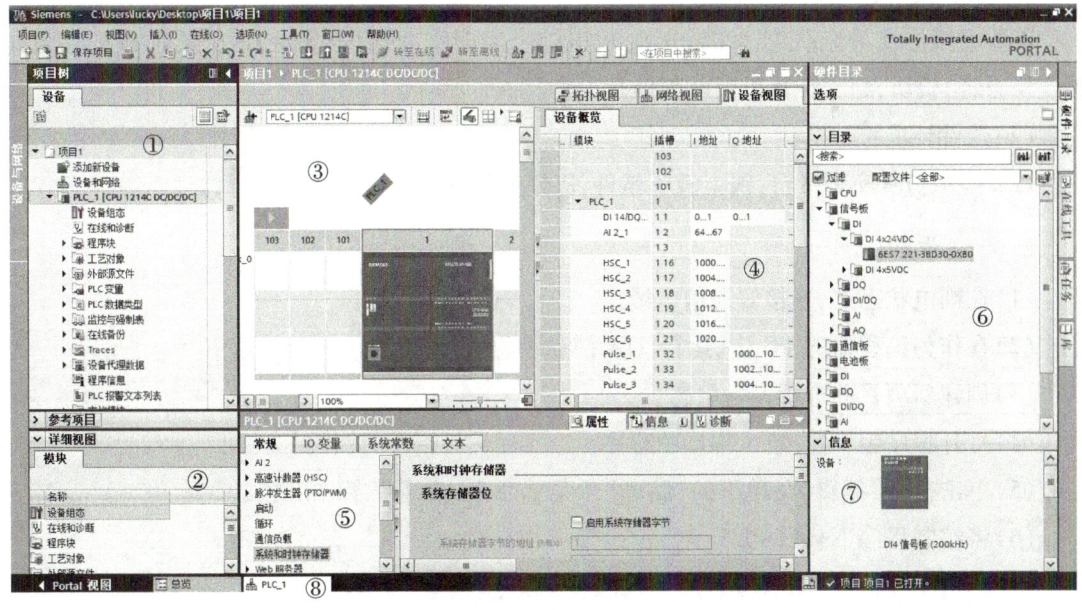

图 14 – 7　博途软件项目视图

程序编辑器界面(图 14 – 8):

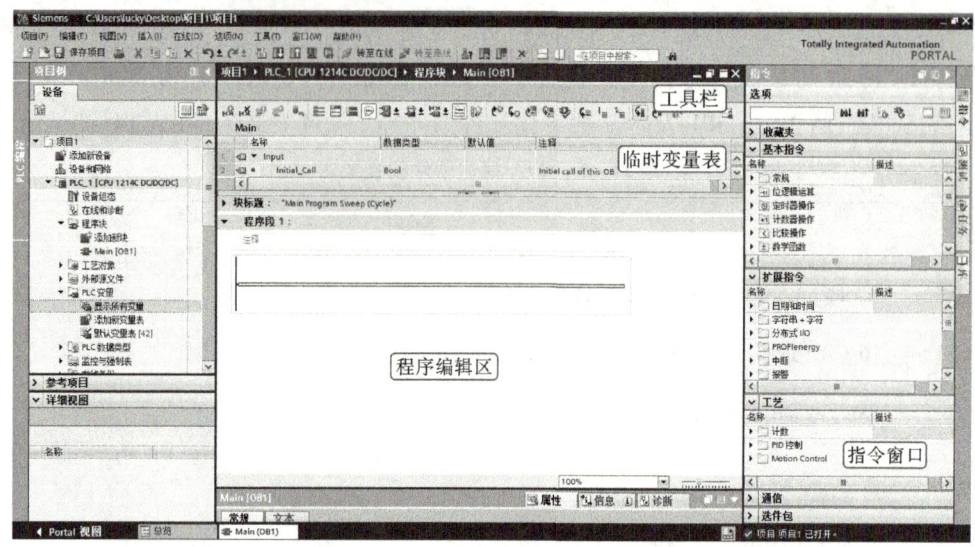

图 14-8　博途软件程序编辑器界面

14.4　任务实施

1.实训准备

(1)实训设备:

PLC 虚拟仿真系统;智能手机、电脑,机电综合实训室;西门子 S7-1200 系列 PLC 一台,电源模块,按钮模块,编程计算机及电脑推车一套。

(2)软件环境:

PLC 虚拟仿真实训平台,线上教学软件,PLC 系统虚拟仿真动画。

2.实施步骤

(1)在断电状态下,连接好通信电缆。

(2)在作为编程器的 PC 上,运行 TIA 博途编程软件。

(3)创建新项目并进行设备组态。

(4)打开程序编辑器,录入梯形图程序。

(5)单击执行"编辑"菜单下的"编译"子菜单命令,编译程序。

(6)将控制程序下载到 PLC。

(7)单击工具栏的"RUN(运行)"按钮,使 PLC 进入运行模式。

(8)拨动开关,观察照明灯亮灭情况是否正常。

3.制订小组工作计划

根据以上任务要求和实施步骤,制订本小组的工作计划。

工作计划表

项目名称：_____　　　　　　　　姓名：_____　　　　　　　　1/2

班级		组号		组长	
组员					
工作地点		任务日期		任务时长	
计划名称	工作内容			完成度	

计划名称	工作内容	完成度
	分析控制要求： I/O 分配表： PLC 外设硬件接线： PLC 软件梯形图设计：	

计划名称	工作内容	完成度
	项目调试验收：	

14.5　任务验收考核

班级		姓名		得分	
任务名称		评价标准		分数	
PLC 电源接线		回答及线色选择正确		10	
PLC 输入端子连线		接线规范、线色选择正确		10	
PLC 输出端子连线		接线规范、线色选择正确		10	
I/O 地址分配		合理		10	
硬件接线图		绘制完整、布局合理		10	
梯形图编制		内容完整、正确		10	
程序下载		内容完整、正确		10	
程序调试		内容完整、正确		10	
PLC 系统运行演示与说明		内容完整、正确		10	
项目报告书		内容完整、正确		10	

14.6　安全规范考评

序号	评价内容	评价标准	分数	得分
1	在完成工作任务过程中,操作是否符合安全操作规程	完全符合要求:15 分; 基本符合要求:10 分; 一般符合要求:5 分; 完全不符合要求:0 分	15	
2	工具摆放、物品包装、导线线头和坏线处置等是否符合职业岗位的要求	完全符合要求:5 分; 错误少于或等于 3 处:每错 1 处扣 1 分; 错误 3 处以上:0 分	5	
3	是否做到尊重师长,遵守实训纪律,爱惜实训室的设备和器材,保持工位的整洁	完全符合要求:10 分 (按实际情况酌情扣分)	10	
4	是否按时参加考勤和值日,行为是否符合职业规范	完全符合要求:70 分; 考勤不合格扣 60 分; 未参加值日扣 10 分; 不符合职业规范的行为,视情节扣 5~10 分	70	
合计			100	

14.7　课后思考与练习

比较 S7 –200 和 S7 –1200PLC 的使用过程,说明其异同。

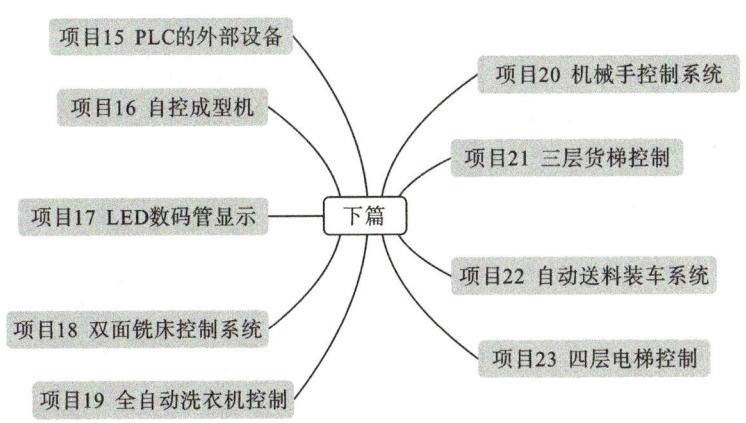

项目15 PLC的外部设备

项目16 自控成型机

项目17 LED数码管显示

项目18 双面铣床控制系统

项目19 全自动洗衣机控制

下篇

项目20 机械手控制系统

项目21 三层货梯控制

项目22 自动送料装车系统

项目23 四层电梯控制

PLC 的外部设备

15.1　项目描述

现有电路接线图如图 15 - 1 所示,试分析图中的输入设备和输出设备有哪些,并列表整理,与试验台实物对照,观察所运用的各种传感器及其作 **PLC 之父迪克·莫利** 用。并分析所应用的执行机构由哪种输出设备控制,简要叙述其工作原理。西门子 I/O 地址分配表见表 15 - 1。

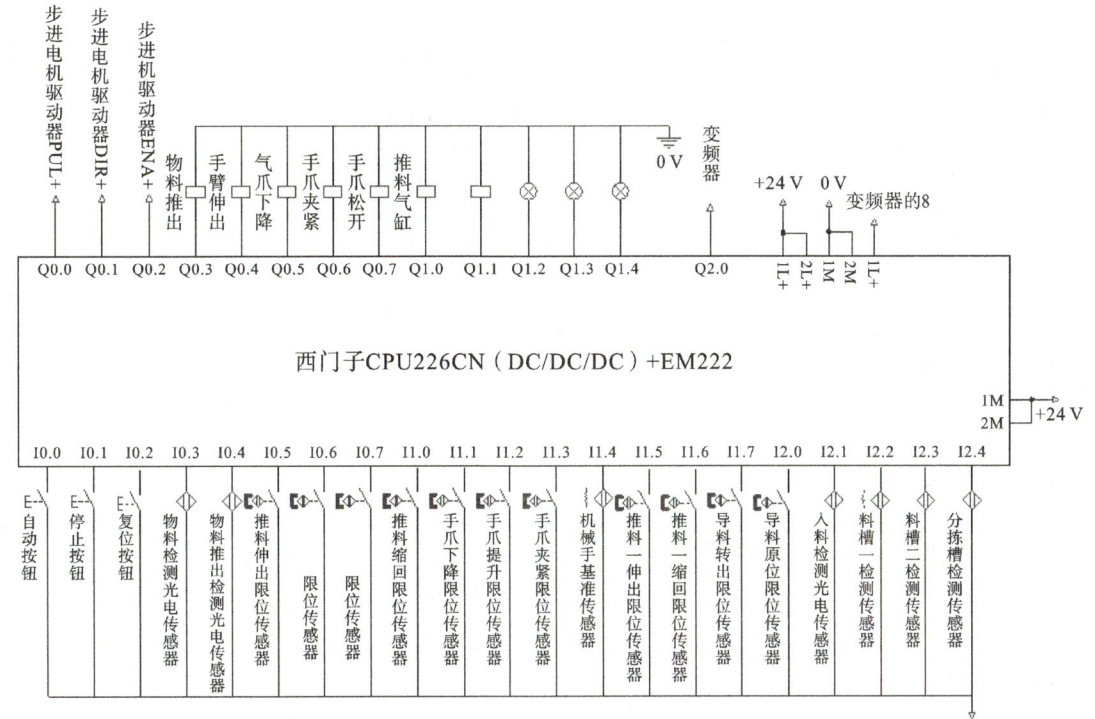

图 15 - 1　电路接线图

表 15 - 1　西门子 I/O 地址分配表

序号	PLC 地址	名称及功能说明	序号	PLC 地址	名称及功能说明
1	I0.0		1	Q0.0	
2	I0.1		2	Q0.1	
3	I0.2		3	Q0.2	
4	I0.3		4	Q0.3	
5	I0.4		5	Q0.4	
6	I0.5		6	Q0.5	
7	I0.6		7	Q0.6	
8	I0.7		8	Q0.7	
9	I1.0		9	Q1.0	
10	I1.1		10	Q1.1	
11	I1.2		11	Q1.2	
12	I1.3		12	Q1.3	
13	I1.4		13	Q1.4	
14	I1.5		14	Q2.0	
15	I1.6				
16	I1.7				
17	I2.0				
18	I2.1				
19	I2.2				
20	I2.3				
21	I2.4				

15.2　项目目标

知识目标：

(1) 了解 PLC 系统设计中常用到的外部设备。

(2) 正确判断外部设备的类型是输入设备还是输出设备。

技能目标：

(1) 正确连接 PLC 和常用外部设备。

(2) 会根据控制要求，合理选择 PLC 外部设备，分配 I/O 地址，设计软件程序。

(3) 会编译程序、检查程序编写错误、检查上下位机通信和下载程序至 PLC 主机。

(4) 会使用编程软件在线监控程序运行状况。

思政目标：

通过学习闭环控制，了解勤于思考，及时反馈的重要性。善于运用反馈，调节生活学习，形成良性循环。保持好奇心和探索心，每天进步一点点，及时反馈，保证工作高效有序地推进。

15.3　相关知识链接

工业生产的自动化，改善了劳动条件，增加了产量，提高了产品质量。在军事装备上，自动控制技术大大提高了武器的威力和精度。近十几年来，由于计算机的广泛应用和控制理论的发展，自动控制技术所能完成的任务越来越复杂，水平大大提高，应用的领域也越来越广泛。以宇宙飞船为例，要把重达数吨的宇宙飞船准确地送入预先计算好的轨道，并一直保持它的姿态正确、飞船内的温度和气压不变，还要使它所携带的大量测量仪器自动地准确地工作等。这些都是以高度的自动控制技术为前提的。

随着人们的生活水平的提高，自动控制技术已深入每个家庭，洗衣机、电热锅、电冰箱等都体现了自动控制的成果。所谓自动控制就是用一些设备代替人自动进行控制。显然，这些设备至少应完成人所起的三种作用：测量、比较和执行。

开环控制是指控制器与被控对象之间只有顺向作用而没有反向联系的控制过程。在开环系统中，既不要对输出量进行测量，也不需要将输出量反馈到系统输入端与输入量进行比较。图 15-2(a) 表示了这类系统的输入量与输出量之间的关系。如自动售货机、产品生产自动线、普通机床、交通指挥的红绿灯转换和洗衣机等，一般都是开环控制系统。

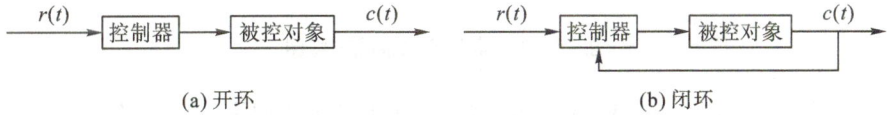

图 15-2　两种控制系统方框图

在任何开环控制系统中,系统的输出量都不被用来与输入量进行比较。因此,当出现扰动而产生偏差时,系统一般不采取任何措施来减小或消除这些偏差,显然如果扰动较大,或控制精度要求较高,开环控制系统就不能完成既定任务了。

在简单的控制系统中,由各种 PLC 或单片机承担控制器的角色,传感器作为控制器外部信号的采集者,执行器作为控制器输出信号的执行者(图 15 – 3)。

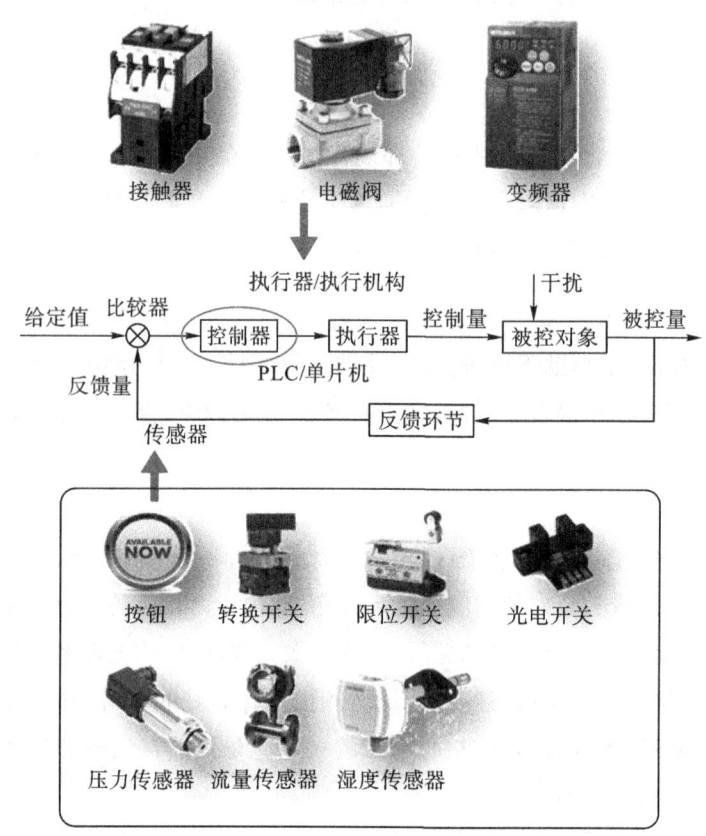

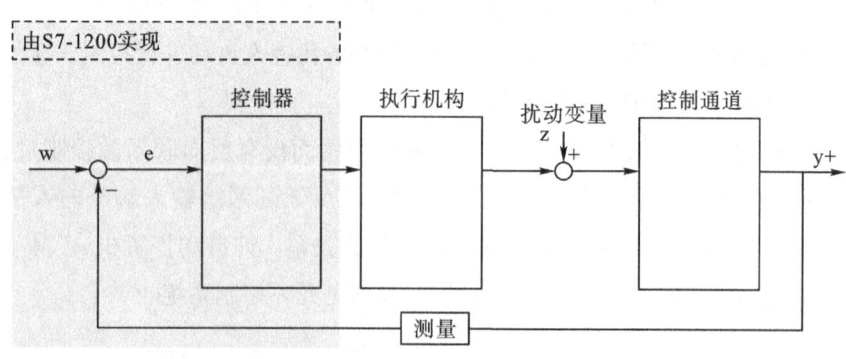

图 15 – 3　简单控制系统方框图

数控机床系统方框图如图 15 – 4 所示,根据对工件的加工要求,事先编制出控制程序,作为系统的输入量送入计算机。与工具架连接在一起的传感器,将刀具的位置信息变换为电压信号,再经过模－数转换器变为数字信号,并作为反馈信号送入计算机。计算机将输入信号与反馈信号比较,得到偏差信号,随后经数－模转换器将数字信号转变为模拟电压信号,经功率放大后驱动电动机,带动刀具按期望的规律运动。系统中的计算机还要完成指定的数学运算等,使系统有更高的工作质量。图中的测速电机反馈支路是用来改善系统性能的。

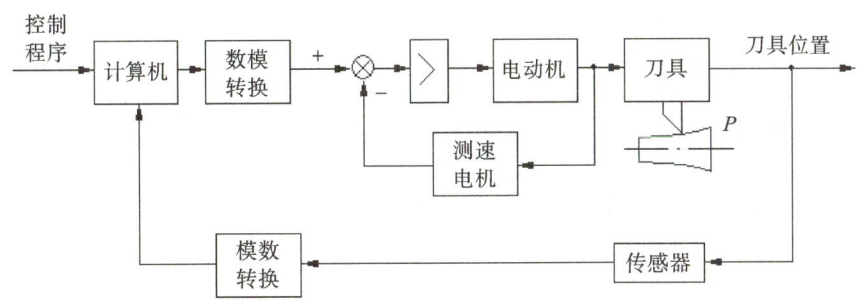

图15－4 数控机床系统方框图

控制系统按系统中传递信号的性质分类:

(1)连续系统——系统中传递的信号都是时间的连续函数。

(2)采样系统——系统中至少有一处传递的信号是时间的离散信号,采样系统还可以称为离散系统。

将开环和闭环控制适当地结合在一起,既经济又能够满足整个系统的性能要求,这种控制方式称为复合控制。

PLC常见的外部输入设备及用法如下所示。

1.按钮

一般为复合按钮,一只按钮常常具有一对常开触点,一对常闭触点。这类按钮中的点动按钮,一般用来控制启动和停止。

另外,也接入急停按钮用作保护。顾名思义,急停按钮就是当发生紧急情况的时候人们可以通过快速按下此按钮来达到保护的目的。在各种工厂里面,一些大中型机器设备或者电器上都可以看到醒目的红色按钮。此按钮只需直接向下压下,就可以让整台设备立马停止或释放一些传动部位。要想再次启动设备必须释放此按钮,顺时针方向旋转大约45°后松开,按下的部分就会弹起,也就是"释放"了。在工业安全里面要求凡是含有会直接或者间接在发生异常的情况下对人体产生伤害的传动部位的机器都必须加以保护措施,急停按钮就是其中之一。因此,在设计一些具有危险性的传动部位的机器时必须要加上急停按钮这个功能,而且要设置在人员可方便按下的位置,不能有任何遮挡物存在。不同按钮的名称、结构及动作特点见表15－2。

表 15-2 不同按钮的名称、结构及动作特点

名称	结构	动作特点
点动按钮(自复位按钮)	1、2—常闭触头; 3、4—常开触头; 5—桥式触头; 6—按钮帽; 7—复位弹簧	按下时,常闭触点先断开,常开触点后闭合; 松开后即刻复位至原始状态
自锁按钮(自保持按钮)	1—按钮帽; 2—复位弹簧; 3—动触头; 4—常闭静触头; 5—常开静触头 1—按钮帽; 2—复位弹簧; 3—动触头; 4—常闭静触头; 5—常开静触头	第一次按下后,常闭触点先断开,常开触点后闭合; 松开后保持; 第二次按下后,复位至原始状态
急停按钮	自动复位的急停按钮　　带自锁的急停按钮 (旋转或拔出复位)	只需顺时针方向旋转大约45°后松开,按下的部分就会弹起

2. 热继电器的常闭触点(95、96)

一般在电机控制中,若需要软件中体现热保护,通常需要将热继电器硬件的常闭触点(95、96)接入 PLC 输入侧。两种型号的继电器见图 15-5 和图 15-6。

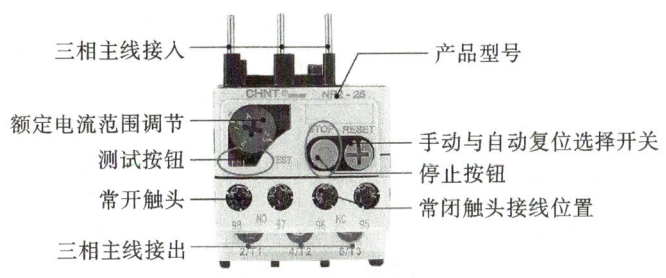

图 15-5　热继电器 1

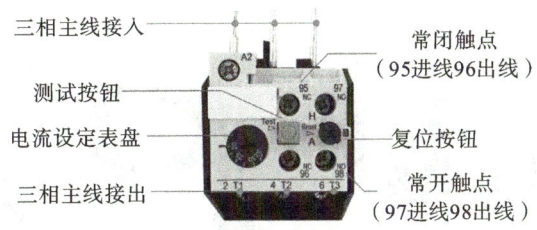

图 15-6　热继电器 2

3. 开关型传感器

一般在控制系统的检测部分,需要非接触检测被测物体是否动态通过或对工件进行计数时,常采用开关型传感器。

1)光电式接近开关

光电式接近开关主要由光发射器和光接收器构成。如果光发射器发射的光线因检测物体不同而被遮掩或反射,到达光接收器的光量将会发生变化。光接收器的敏感元件将检测出这种变化,并转换为电气信号,进行输出。大多使用可视光(主要为红色,也用绿色、蓝色来判断颜色)和红外光。在工作时,光发射器始终发射检测光,若接近开关前方一定距离内没有物体,则没有光被反射器接受,光电开关处于常态而不动作;反之若接近开关的前方一定距离内出现物体,只要反射回来的光强度足够,则接收器接收到足够的漫射光就会使光电开关动作而改变输出状态。按照接收器接收光的方式不同,光电式接近开关可分为对射式、反射式和漫射式 3 种,光电接近开关的工作原理示意图如图 15-7 所示,光电接近开关外观如图 15-8 所示。

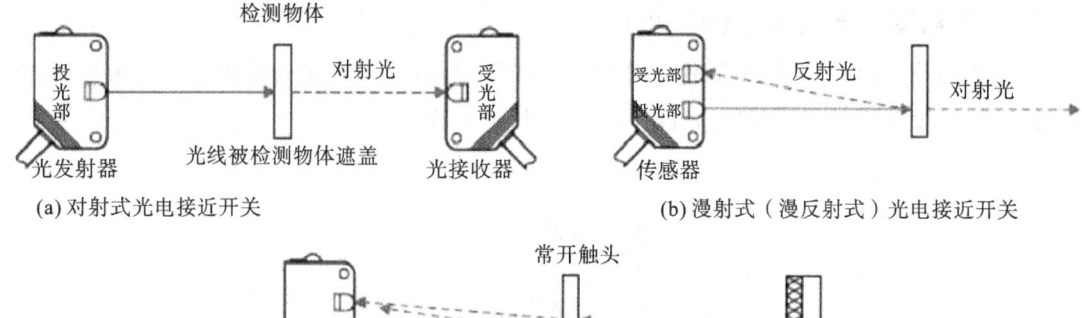

(a) 对射式光电接近开关　　　　　　　　　　　(b) 漫射式（漫反射式）光电接近开关

(c) 反射式光电接近开关

图 15 - 7　光电接近开关的工作原理示意图

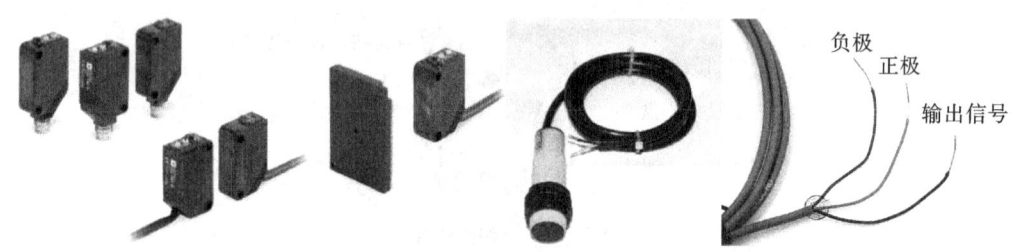

图 15 - 8　光电式接近开关

　　漫射式光电开关是利用光照射到被测物体上后反射回来的光线而工作的,由于物体反射的光线为漫射光,故称为漫射式光电接近开关。它的光发射器与光接收器处于同一侧位置,且为一体化结构。

　　供料单元中,一般用漫射式光电接近开关检测有无工件或工件是否充足。光电开关及顶端面上的调节旋钮和显示灯如图 15 -9 所示。

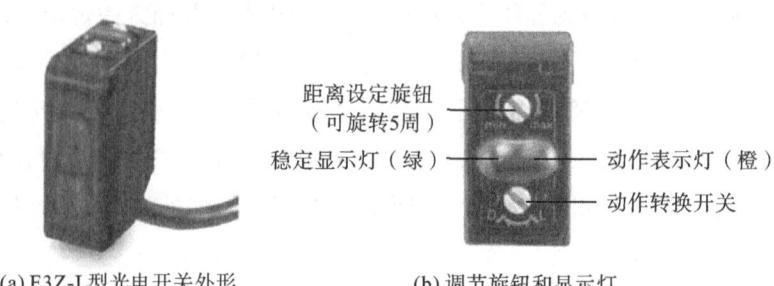

(a) E3Z-L型光电开关外形　　　　　　　(b) 调节旋钮和显示灯

图 15 - 9　光电开关的外形、调节旋钮和显示灯

图中动作选择开关的功能是选择受光动作(Light)或遮光动作（Drag）模式。即当此开关按顺时针方向充分旋转时(L侧)，则进入检测 – ON 模式；当此开关按逆时针方向充分旋转时(D侧)，则进入检测 – OFF 模式。

距离设定旋钮是5周回转调节器，调整距离时注意逐步轻微旋转，否则距离调节器可能会出现空转。调整的方法：首先按逆时针方向将距离调节器充分旋到最小检测距离（约20 mm），然后根据要求距离放置检测物体，按顺时针方向逐步旋转距离调节器，找到传感器进入检测条件的点；拉开检测物体距离，按顺时针方向进一步旋转距离调节器，找到传感器再次进入检测状态的点，一旦进入，向后旋转距离调节器直到传感器回到非检测状态的点。两点之间的中点为稳定检测物体的最佳位置。

光电开关的内部电路原理图和图形符号，如图 15 – 10 所示。具备信号输出功能的光电开关根据电气连接方式一般分为三根线和四根线两种。其中，三线式的传感中分别为正极、负极和输出端，而四线式光电开关则是在三线式的基础上，增加了一个控制导线，便于进行控制操作。

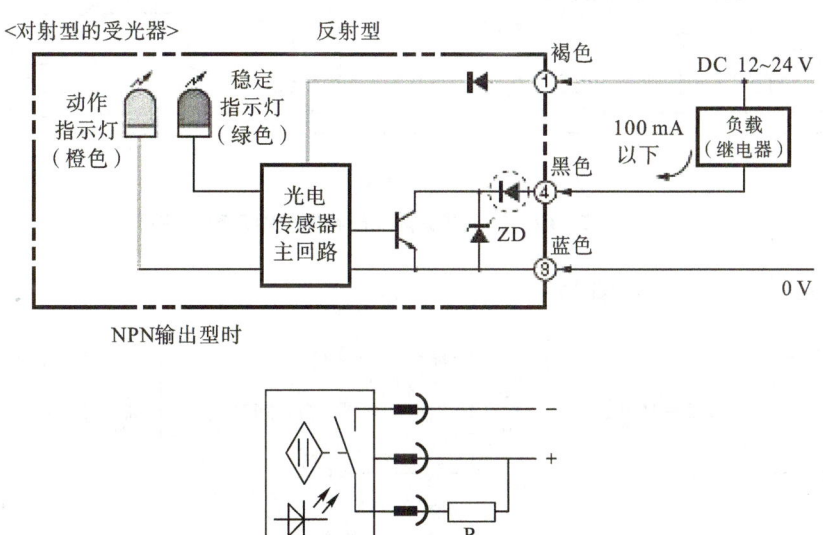

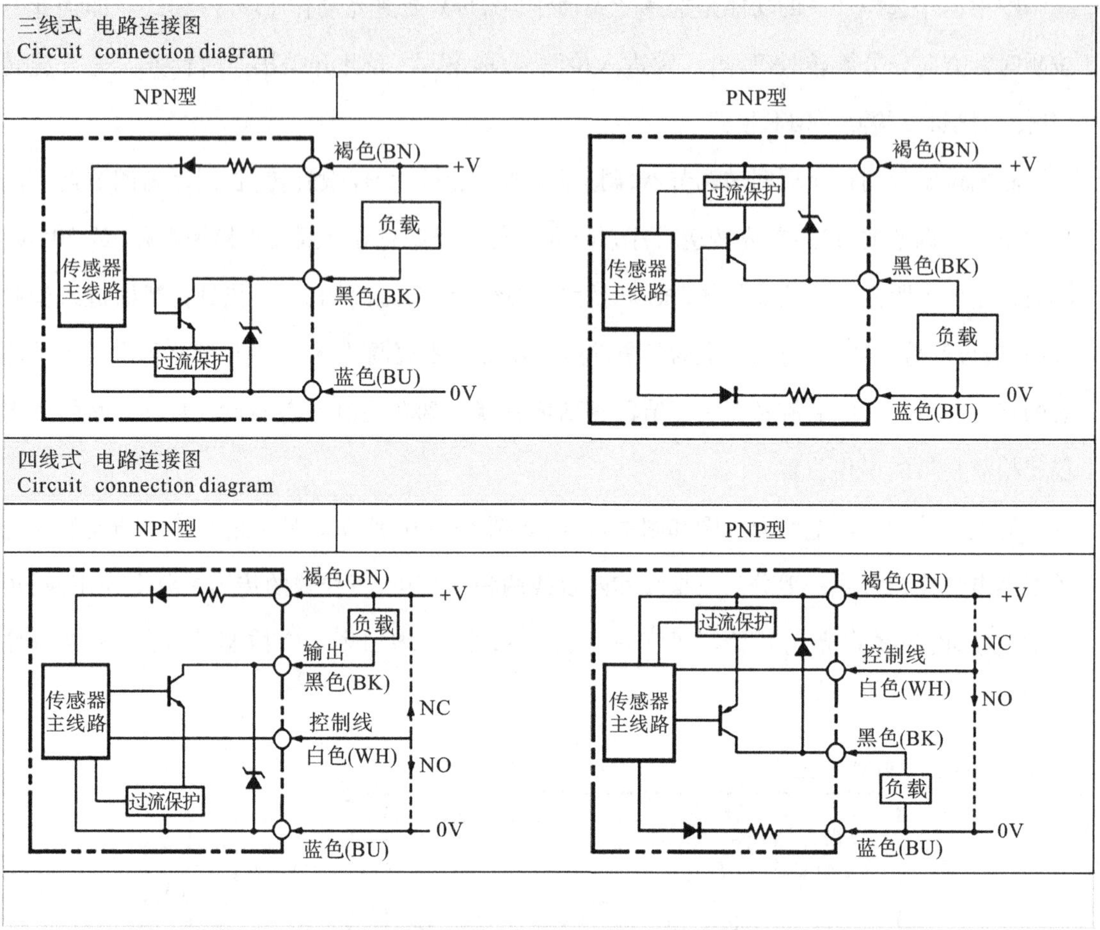

三线式 电路连接图
Circuit connection diagram

NPN型	PNP型

褐色(BN) +V
负载
黑色(BK)
传感器主线路
过流保护
蓝色(BU) 0V

褐色(BN) +V
过流保护
黑色(BK)
传感器主线路
负载
蓝色(BU) 0V

四线式 电路连接图
Circuit connection diagram

NPN型	PNP型

褐色(BN) +V
负载
输出
黑色(BK)
传感器主线路
控制线
白色(WH) NC
过流保护
NO
蓝色(BU) 0V

褐色(BN) +V
过流保护
NC
控制线
白色(WH) NO
传感器主线路
黑色(BK)
负载
蓝色(BU) 0V

图 15-10 光电开关内部电路原理图及图形符号

对射式光电开关接线图(图 15-11):

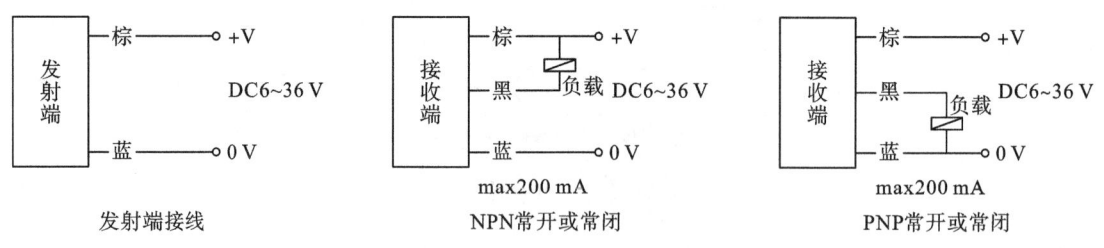

发射端接线 | NPN常开或常闭 | PNP常开或常闭

发射端 棕 +V DC6~36 V 蓝 0V

接收端 棕 +V 黑 负载 DC6~36 V 蓝 0V max200 mA

接收端 棕 +V 黑 负载 DC6~36 V 蓝 0V max200 mA

图 15-11 对线式光电开关接线图

思考:PNP 型光电开关与 PLC 是如何接线的?

例:NPN 型光电开关与 PLC 接线示意图(图 15-12)。

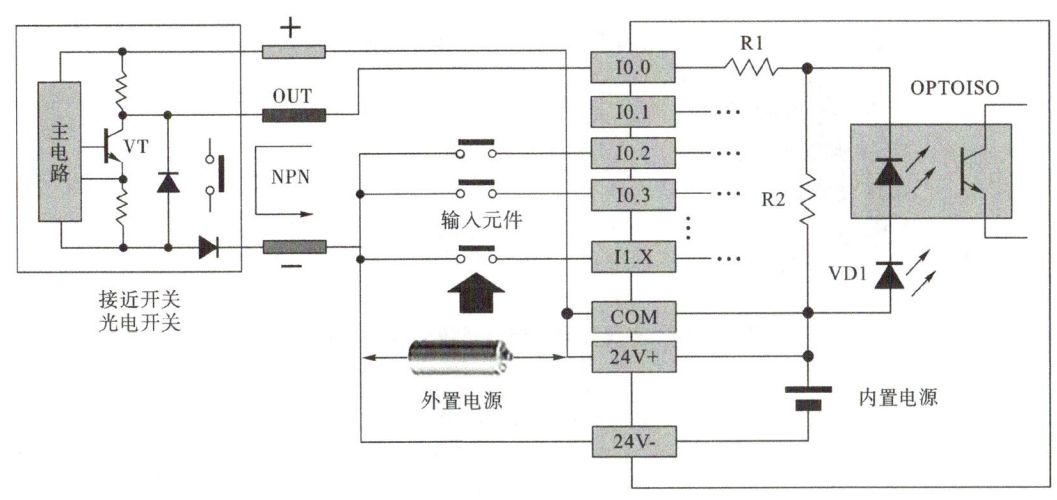

图15－12　NPN型光电开关与PLC接线示意图

2）光纤型光电开关

光纤型传感器由光纤检测头、光纤放大器两部分组成,放大器和光纤检测头是分离的两个部分,光纤检测头的尾端部分分成两条光纤,使用时分别插入放大器的两个光纤孔。光纤传感器组件如图15－13所示。

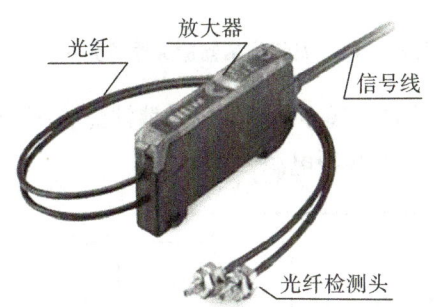

图15－13　光纤传感器组件

图15－14是放大器的安装示意图。光纤传感器也是光电传感器的一种。光纤传感器的优点:抗电磁干扰、可工作于恶劣环境,传输距离远,使用寿命长。此外,光纤头具有较小的体积,可以安装在很小的空间。光纤式光电接近开关放大器的灵敏度调节范围较大。当光纤传感器灵敏度调得较小时,光电探测器无法接收到反射性较差的黑色物体的反射信号;而可以接收到反射性较好的白色物体的反射信号。反之,若调高光纤传感器灵敏度,则即使对于反射性较差的黑色物体,光电探测器也可以接收到其反射信号。图15－15给出了光纤传感器放大器单元的俯视图,调节其中部的8旋转灵敏度高速旋钮就能进行放大器灵敏度调节(顺时针旋转灵敏度增大)。调节时,会看到"入光量显示灯"发光的变化。当探测器检测到物料时,"动作显示灯"会亮,提示检测到物料。

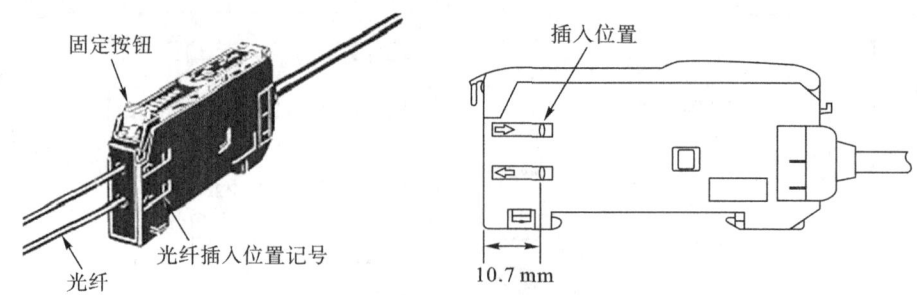

图 15-14　光纤传感器组件及放大器安装示意

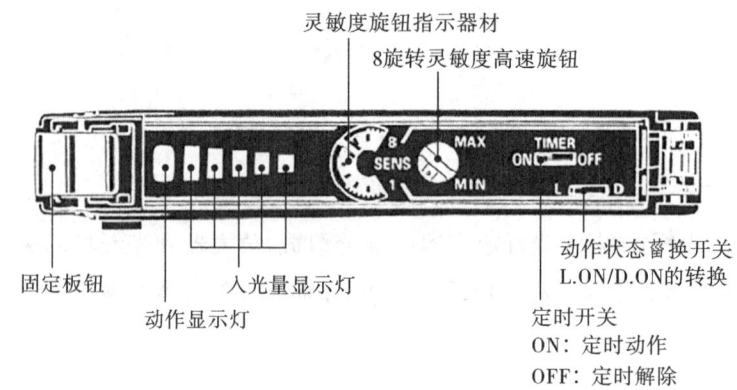

图 15-15　光纤传感器放大器单元的俯视图

光纤传感器电路框图如图 15-16 所示,接线时请注意根据导线颜色判断电源极性和信号输出线,切勿把信号输出线直接连接到电源 +24 V 端。

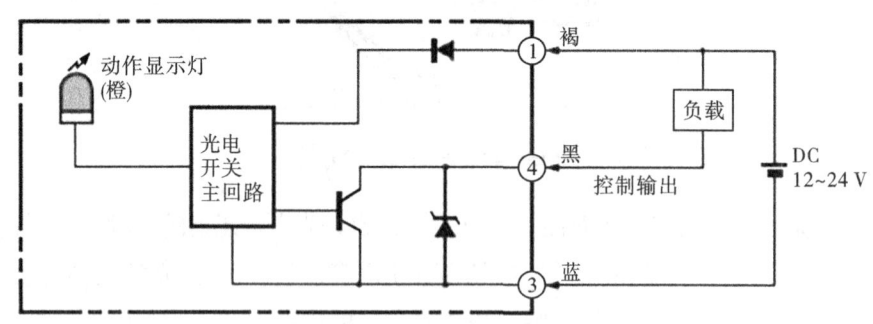

图 15-16　光纤传感器电路框图

3)电容式或电涡流式接近开关

根据生产线上的被测物体和安装环境,也可选用电容式接近开关。电容式接近开关亦属于一种具有开光量输出的位置传感器,他的测量头通常是构成电容器的一个极板,而另一个极板是被测物体的本身,当物体移向接近开关时,物体和接近开关的极距或者介电常数发生变化,引起静电容量发生变化,使得和测量头相连的电路状态也随之发生变化,由此便可控制开关的接通和关断。这种接近开关的检测物体，并不限于金属导体，也可以是绝缘的液体或粉状物体。其外形和图形符号如图15-17所示，工作原理如图15-18所示。

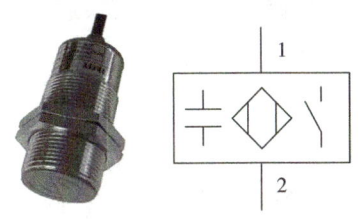

图15-17　电容式传感器外形及图形符号

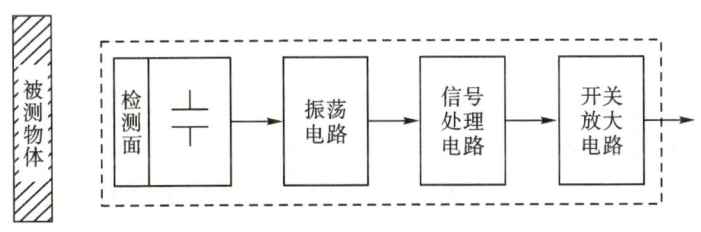

图15-18　电容式传感器的工作原理

无论哪一种接近传感器，在使用时必须注意被检测物体的材料、形状、尺寸运动速度等因素。在接近开关的选用和安装中，必须认真考虑检测距离、设定距离，保证生产线上的传感器可靠动作。安装距离注意说明如图15-19所示。

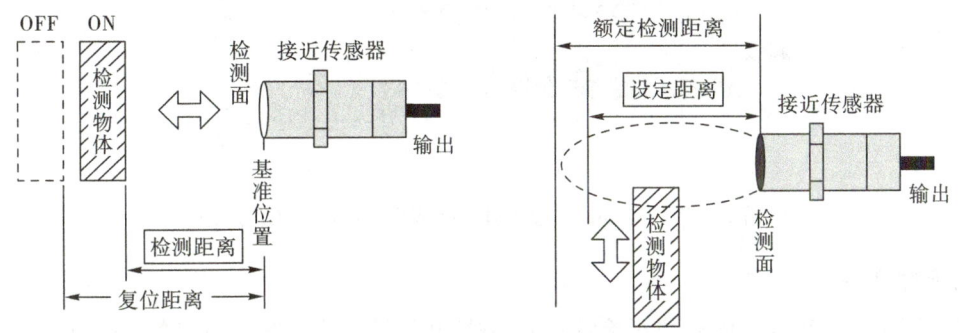

图15-19　接近开关的安装距离示意图

在一些精度要求不是很高的场合，接近开关可以用来进行产品计数、测量转速，甚至测量旋转位移的角度。但是在一些要求较高的场合，往往用光电编码器来测量旋转位移或者间接测量直线位移。

4）电感式接近开关

电感式接近开关是利用电涡流效应制造的传感器。电涡流效应是指，当金属物体处于一个交变的磁场时，在金属内部会产生交变的电涡流，该涡流又会反作用于产生它的磁场。如果这个交变的磁场是由一个电感线圈产生的，则这个电感线圈中的电流就会发生变化，用于平衡涡流产生的磁场。利用这一原理,以高频振荡器(LC振荡器)中的电感线圈作为检测元件,当被测金属物体接近电感线圈时产生涡流效应,引起振荡器振幅或频率的变化,由传感器的信号调理电路(包括检波、放大、整形、输出等电路)将该变化转换成开关量输出,从而达到检测目的。电感式接近传感器工作原理框图如图15-20所示。

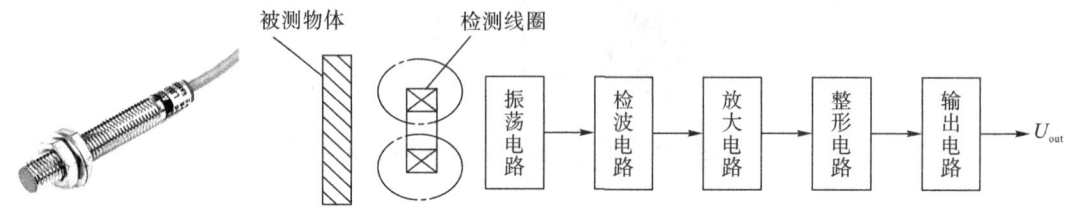

图15-20   电感式传感器工作原理框图

电涡流式接近开关是电感式传感器的一种,是利用电涡流效应制成的有开关量输出的位置传感器,它由LC高频振荡器和放大处理电路组成。金属物体接近电涡流传感器(内部产生交变电磁场)时,内部产生电涡流。这个涡流反作用于接近开关,使接近开关振荡能力衰减,内部电路的参数发生变化,由此识别出有无金属物体接近,进而控制开关的通或断,其工作原理如图15-21所示。

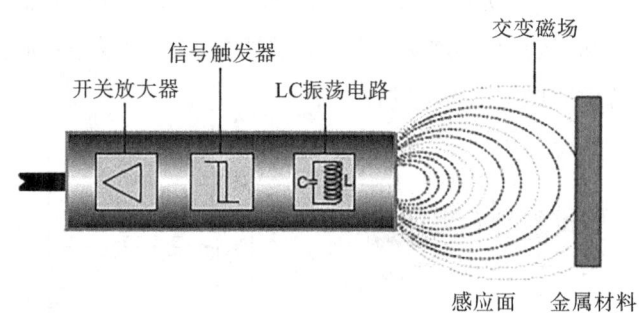

图15-21   电涡流式接近开关检测金属物体的工作原理

5)磁性开关

磁性开关是一种非接触式位置检测开关,磁性开关用于检测磁石的存在。这种非接触式位置检测开关不会磨损和损伤检测对象,响应速度高。

有触点式的磁性开关用舌簧开关作为磁场检测元件。舌簧开关置于合成树脂块内,并且一般还有动作指示灯、过电压保护电路。磁性开关有蓝色和棕色2根引出线,使用时蓝色引出线应连接到输入公共端,棕色引出线应连接到输入端。磁性开关的内部电路如图15-22所示,其实物如图15-23所示。

为了防止因错误接线损坏磁性开关,通常在使用磁性开关时都串联了限流电阻和保护二极管。这样即使引出线极性接反,磁性开关也不会烧毁,只是不能正常工作。当有磁性物体接近磁性开关传感器时,传感器动作,并输出开关信号。

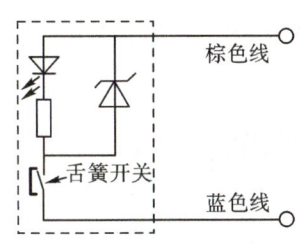

图15-22 磁性开关的内部电路

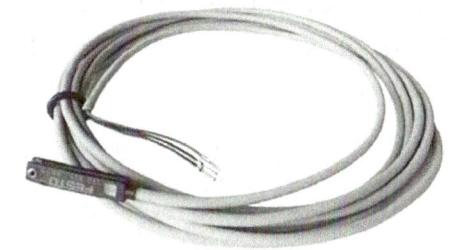

图15-23 磁性开关实物

双作用气缸的缸筒采用导磁性弱、隔磁性强的材料,如硬铝、不锈钢等。双作用气缸所使用的位置传感器是接近传感器,它利用传感器对所接近的物体具有的敏感特性来识别物体的接近,并输出相应开关信号。双作用气缸所使用的是带磁性开关。

在非磁性体的活塞上安装一个永久磁铁的磁环,这样就提供了一个反映气缸活塞位置的磁场。而安装在气缸外侧的磁性开关则用来检测气缸活塞位置,即检测活塞的运动行程。

在实际应用中,在气缸的活塞或活塞杆上安装磁石,在气缸缸筒外面的两端各安装一个接近开关,就可以用这两个传感器识别气缸运动的两个极限位置。

图15-24是带磁性开关气缸的工作原理图。当气缸中随活塞移动的磁环靠近开关时,舌簧开关的两根簧片被磁化而相互吸引,触点闭合;当磁环移开开关后,簧片失磁,触点断开。触点闭合或断开时发出电控信号,在PLC的自动控制中,可以利用该信号判断推料及顶料缸的运动状态或所处的位置,以确定工件是否被推出或气缸是否返回。

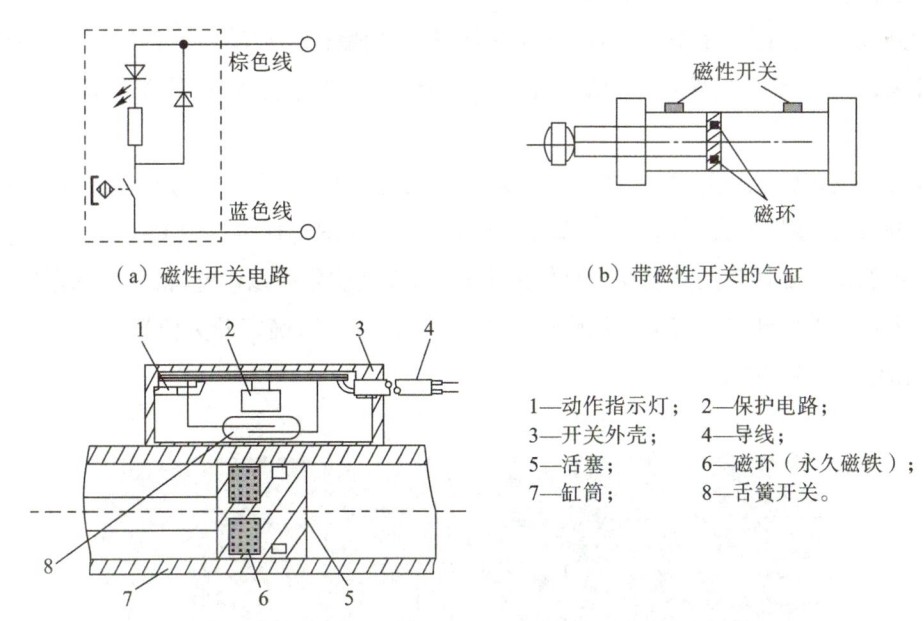

（a）磁性开关电路　　　　　　（b）带磁性开关的气缸

1—动作指示灯；　2—保护电路；
3—开关外壳；　　4—导线；
5—活塞；　　　　6—磁环（永久磁铁）；
7—缸筒；　　　　8—舌簧开关。

图15-24 带磁性开关气缸的工作原理图

在磁性开关上设置的 LED 显示用于显示其信号状态,供调试时使用。磁性开关动作时,输出信号"1",LED 亮;磁性开关不动作时,输出信号"0",LED 不亮。磁性开关在气缸检测中的示意图,如图 15-25 所示。

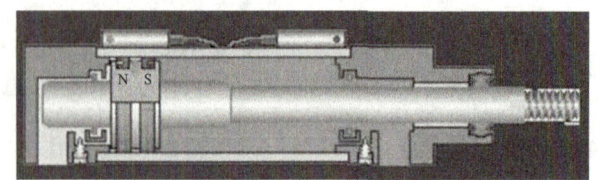

图 15-25 磁性开关在气缸检测中的示意图

磁性开关的安装与调试:

在生产线的自动控制中,磁性开关通常用于检测气缸活塞的位置,可以利用该信号判断气缸的运动状态和所处的位置。

(1)电气接线与检查。

重点要考虑传感器的尺寸、位置、安装方式、布线工艺、电缆长度及周围工作环境等因素对传感器工作的影响。将磁性开关与 PLC 的输入端口连接,将棕色线与电源正极相连。

磁性开关上设置有 LED 用于显示传感器的状态信号,供调试和运行监测时观察。当气缸活塞靠近,接近开关输出动作,输出"1"信号,LED 亮;当没有气缸活塞靠近,接近开关输出不动作,输出"0"信号,LED 不亮。

(2)磁性开关在气缸上的安装与调试。

磁性开关与气缸配合使用时,如果安装不合理,可能使得气缸动作不正确。当气缸活塞移向磁性开关,并接近到一定距离时,磁性开关才有感知,开关才会动作,通常把这个距离叫"检出距离"。

在气缸上安装磁性开关时,先把磁性开关安装在气缸上,磁性开关的安装位置根据控制对象的要求调整,让磁性开关到达指定位置后,用螺丝刀旋紧固定螺钉。图 15-26 是调整磁性开关位置的示意图。磁性开关安装在气缸体的滑轨内,安装位置可以调整,松开它的紧定螺栓,磁性开关就可以沿着滑轨左右移动。让磁性开关顺着气缸滑动,确定开关位置后,再旋紧紧定螺栓,即可完成位置的调整。

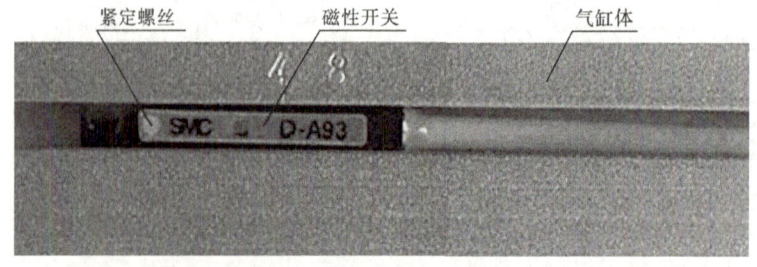

图 15-26 磁性开关位置调整示意图

4. 旋转编码器

旋转编码器是通过光电转换,将输出至轴上的机械、几何位移量转换成脉冲或数字信号的传感器,主要用于速度或位置(角度)的检测。

典型的旋转编码器是由光栅盘和光电检测装置组成的。光栅盘是在一定直径的圆板上等分地开通若干个长方形狭缝。由于光电码盘与电动机同轴,电动机旋转时,光栅盘与电动机同速旋转,经发光二极管等电子元件组成的检测装置检测输出若干脉冲信号,通过计算每秒旋转编码器输出脉冲的个数就能反映当前电动机的转速。其外形如图 15 − 27 所示,应用场景有测定轧钢速度(图 15 − 28)等,其原理示意图如图 15 − 29 所示。

一般来说,根据旋转编码器产生脉冲的方式的不同,可以分为增量式、绝对式及复合式三大类。

增量式编码器直接利用光电转换原理输出三组方波脉冲 A、B 和 Z 相;A、B 两组脉冲相位差90°,用于辩向:当 A 相脉冲超前 B 相时为正转方向,而当 B 相脉冲超前 A 相时则为反转方向。Z 相用于基准点定位。

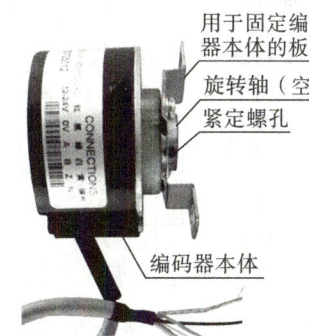

用于固定编码器本体的板簧

旋转轴(空心轴型)

紧定螺孔

引出线说明:
- 屏蔽线接地;
- 红、黑色引出线为电源线;
- 黄、绿、白色为信号输出线。

编码器本体

图 15 − 27　旋转编码器

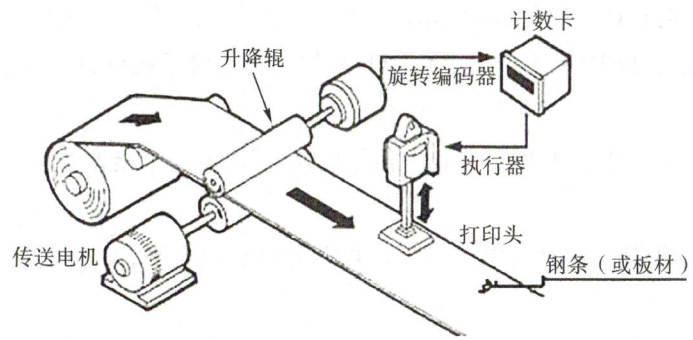

图 15 − 28　用旋转编码器测定轧钢速度

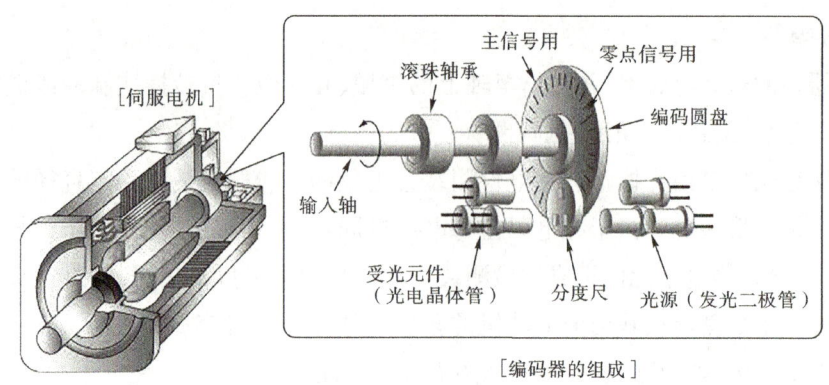

图 15 - 29　旋转编码器原理示意图

图 15 - 30 是具有 A、B 两相 90°相位差的通用型旋转编码器,用于计算工件在传送带上的位置。编码器直接连接到传送带主动轴上。该旋转编码器的三相脉冲采用 NPN 型集电极开路输出,分辨率 500 线,电源工作单元没有使用 Z 相脉冲,A、B 两相输出端直接连接到 AC/DC/RLY 主单元的高速计数器输入端。

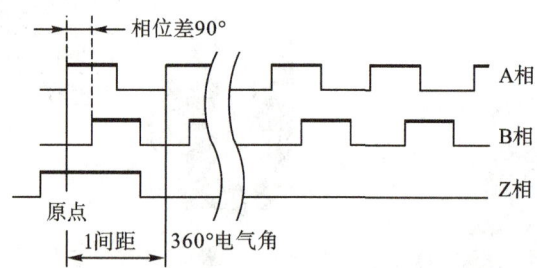

图 15 - 30　两相 90°相位差的通用型旋转编码器信号

增量式编码器可将设备运动时的位移信息变成连续的脉冲信号,脉冲个数表示位移量的大小。增量式编码器的特点:只有当设备运动时才会输出信号;一般会输出通道 A 和通道 B 两组信号,并且有 90° 的相位差(1/4 个周期),同时采集这两组信号就可以计算设备的运动速度和方向。

如图 15 - 31 所示,通道 A 和通道 B 的信号周期相同,且相位相差 1/4 个周期,结合两相的信号值:

当 B 相和 A 相先是都读到高电平(1 1),再 B 相读到高电平,A 相读到低电平(1 0),则为顺时针转;

当 B 相和 A 相先是都读到低电平(0 0),再 B 相读到高电平,A 相读到低电平(1 0),则为逆时针转。

除通道 A、通道 B 以外,还会设置一个额外的通道 Z 信号,表示编码器特定的参考位置。

传感器转一圈后 Z 轴信号才会输出一个脉冲,在 Z 轴输出时,可以通过将 AB 通道的计数清零,实现对码盘绝对位置的计算。增量式编码器只输出设备的位置变化和运动方向,不会输出设备的绝对位置。

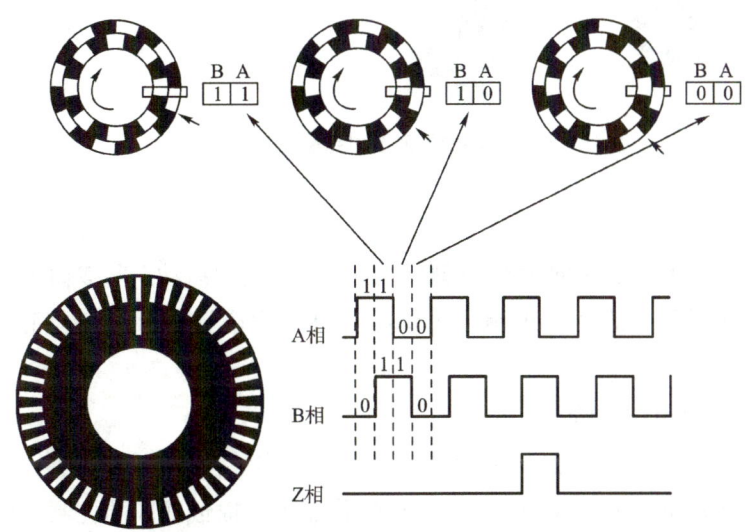

图15-31　增量式编码器的输出信号

PLC常见的外部输出设备及用法如下所示。

1.指示灯

一般为发光二极管,通常具有一对触点,图15-32为指示灯内部电路,接线时可不区分正负端子。

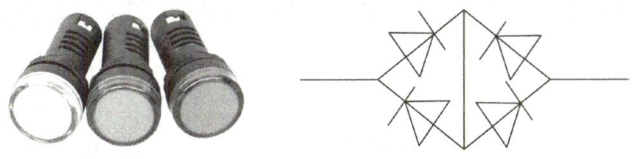

图15-32　指示灯外形及内部电路示意图

2.蜂鸣器

蜂鸣器(图15-33)是一种一体化结构的电子讯响器,采用直流电压供电,广泛应用于计算机、打印机、复印机、报警器、电子玩具、汽车电子设备、电话机、定时器等电子产品中作发声器件。蜂鸣器主要分为压电式蜂鸣器和电磁式蜂鸣器两种类型。蜂鸣器在电路中用字母"H"或"HA"表示。

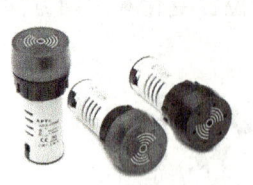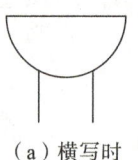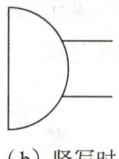

（a）横写时　　　　（b）竖写时

图 15 - 33　蜂鸣器外形及电路图形符号

3. 电磁阀

单向电磁阀用来控制气缸单向运动,实现气缸的伸出、缩回运动。与双向电磁阀的区别为双向电磁阀初始位置是任意的,可以控制两个位置,而单向电磁阀初始位置是固定的,只能控制一个方向。

1）单电控电磁换向阀、电磁阀组

气缸活塞的运动是依靠向气缸一端进气,并从另一端排气,再反过来,从另一端进气,一端排气来实现的。气体流动方向的改变则由能改变气体流动方向或通断的控制阀即方向控制阀控制。在自动控制中,方向控制阀常采用电磁控制方式实现方向控制,称为电磁换向阀。电磁换向阀利用其电磁线圈通电时,静铁芯对动铁芯产生电磁吸力使阀芯切换,达到改变气流方向的目的。

电磁阀名称中的"位"指的是为了改变气体方向,阀芯相对于阀体所具有的不同的工作位置。"通"的含义则是换向阀与系统相连的通口,有几个通口即为几通。

图 15 - 34 分别给出二位三通、二位四通和二位五通单控电磁换向阀的图形符号及单控电磁阀外形图,图形中有几个方格就是几位,方格中的"┰"和"┴"符号表示各接口互不相通。

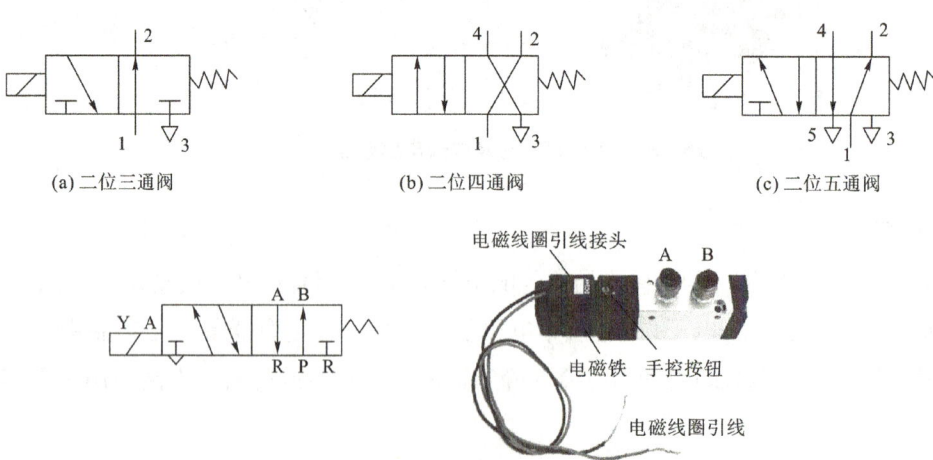

(a)二位三通阀　　　　(b)二位四通阀　　　　(c)二位五通阀

图 15 - 34　单控电磁阀图形符号及外形

2）双向电磁阀

双电控电磁阀与单电控电磁阀的区别：对于单电控电磁阀，在无电控信号时，阀芯在弹簧力的作用下会被复位，而对于双电控电磁阀，在两端都无电控信号时，阀芯的位置取决于前一个电控信号。双电控电磁阀的结构如图 15－35 所示。

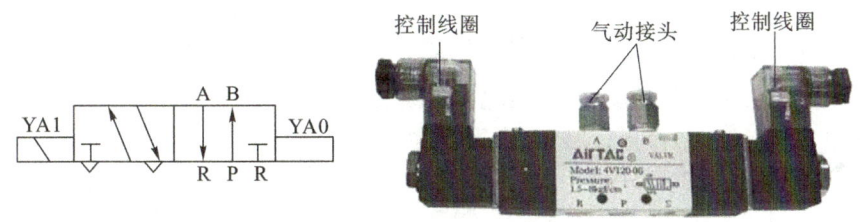

图 15－35　双电控电磁阀外形及图形符号

4. 继电器

继电器模组可实现将 PLC 输出信号转换、隔离、放大，以驱动电磁阀、电动机等大电流设备。PLC 可以直接控制继电器模组的线圈，继电器模组的触点再控制负载，好处是继电器模组的体积小，只占小型中间继电器的 1/2 体积，触点电流还比小型继电器的大，一般为 10 A、12 A、16 A、30 A 等，交直流都有，带有压敏电阻，继电器断开时，产生的火花起到灭弧的作用，信号隔离进一步提高了 PLC 触点的使用寿命。继电器模组外形及图形符号见图 15－36。

继电器模组上的继电器损坏后更换也很方便，跟小型中间继电器一样，都是带底座的，可以直接插拔更换，维护方便。继电器模组布局美观，接线也很方便，输入输出跟 PLC 一样是分开方向的，上面是输入，下面是输出（图 15－37）。另外，继电器模组把电气控制柜中的单个小功率继电器加以集成化、系列化，减少了中间接线环节，提高了产品的性能。产品顺应了微型化、集成化的发展趋势，是原单个继电器的更新换代产品。

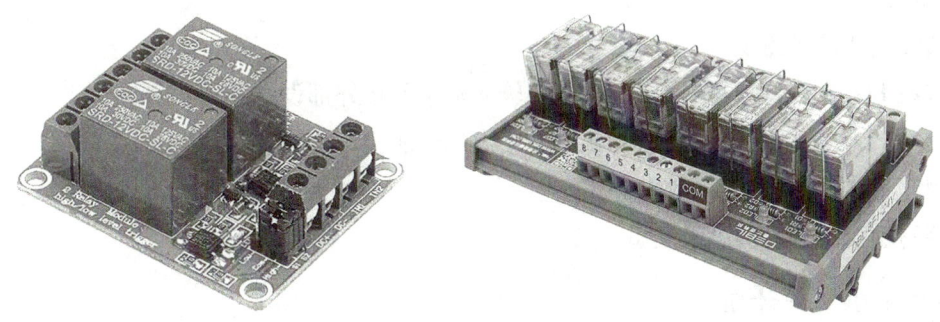

图 15－36　继电器模组外形及图形符号

标准一开一闭继电器模组接线图

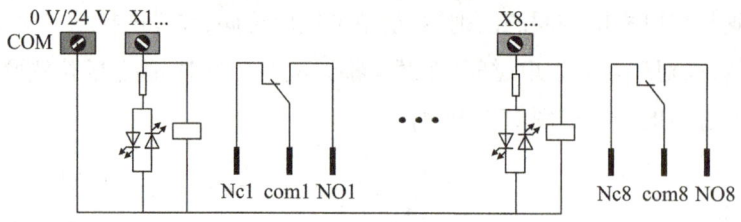

标准两开两闭继电器模组接线图

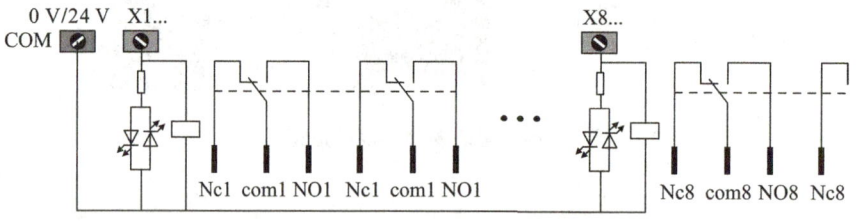

图 15‑37　继电器模组接线图

15.4　任务实施

1. 实训准备

（1）实训设备：

PLC 虚拟仿真系统；智能手机、电脑，机电综合实训室；西门子 S7‑1200PLC 一台，电源模块，按钮模块，编程计算机及电脑推车一套。

（2）软件环境：

PLC 虚拟仿真实训平台，线上教学软件，PLC 系统虚拟仿真动画。

2. 实施步骤

（1）阅读电路接线图；

（2）查找 PLC 输入端子的连接，写出图中输入端子所接外部设备；

（3）查找 PLC 输出端子的连接，写出图中输出端子所接外部设备；

（4）填写 I/O 地址分配表（表 15‑3）；

（5）撰写项目报告书与总结反思。

3. 制订小组工作计划

根据以上任务要求和实施步骤，制订本小组的工作计划。

工作计划表

项目名称：_____   姓名：_____   1/1

班级		组号		组长	
组员					
工作地点		任务日期		任务时长	
序号	计划名称	工作内容		完成度	
1					
2					

表 15-3　西门子 I/O 地址分配表

序号	PLC 地址	名称及功能说明	序号	PLC 地址	名称及功能说明
1	I0.0		1	Q0.0	
2	I0.1		2	Q0.1	
3	I0.2		3	Q0.2	
4	I0.3		4	Q0.3	
5	I0.4		5	Q0.4	
6	I0.5		6	Q0.5	
7	I0.6		7	Q0.6	
8	I0.7		8	Q0.7	
9	I1.0		9	Q1.0	
10	I1.1		10	Q1.1	
11	I1.2		11	Q1.2	
12	I1.3		12	Q1.3	
13	I1.4		13	Q1.4	
14	I1.5		14	Q2.0	
15	I1.6				
16	I1.7				
17	I2.0				
18	I2.1				
19	I2.2				
20	I2.3				
21	I2.4				

15.5　任务验收考核

班级		姓名		得分	
任务名称		评价标准		分数	
PLC 外部设备分类		输入输出分类正确		20	
PLC 输入		填写正确		20	
PLC 输出		填写正确		20	
I/O 地址分配		填写合理		20	
项目报告书		内容完整、正确		20	

15.6　安全规范考评

序号	评价内容	评价标准	分数	得分
1	在完成工作任务过程中,操作是否符合安全操作规程	完全符合要求:15 分; 基本符合要求:10 分; 一般符合要求:5 分; 完全不符合要求:0 分	15	
2	工具摆放、物品包装、导线线头和坏线处置等是否符合职业岗位的要求	完全符合要求:5 分; 错误少于或等于 3 处:每错 1 处扣 1 分; 错误 3 处以上:0 分	5	
3	是否做到尊重师长,遵守实训纪律,爱惜实训室的设备和器材,保持工位的整洁	完全符合要求:10 分 (按实际情况酌情扣分)	10	
4	是否按时参加考勤和值日,行为是否符合职业规范	完全符合要求:70 分; 考勤不合格扣 60 分; 未参加值日扣 10 分; 不符合职业规范的行为,视情节扣 5 ~ 10 分	70	
	合计		100	

15.7　课后思考与练习

结合下文,思考工业机器人的工作过程所运用的各种控制闭环。

目前,各类机器人在工业生产和日常生活中的应用趋势已不可避免。随着机器人技术的发展,工业机器人已不仅仅是搬运重物的工具,它们可以胜任许多精细、复杂的工作,且具有高达99%的工作准确率。

那么,如果有一天,人类世界被机器人控制,我们还有抵抗的办法吗?这里,小编就教大家一个对付机器人大军的最佳办法——拆掉它的传感器。

我们知道,机器人一般由机械本体、控制系统、传感器和驱动器四部分组成。传感器是机器人的感知系统,是机器人最重要的组成部分之一。多种不同功能的传感器合理地组合在一起,才能为机器人提供更详细的外界环境信息。没有传感器的机器人,相当于失去感觉器官的人类,基本来说,就是一堆废铁了……

机器人能够具备类似人类的知觉功能和反应能力的关键,正是传感器技术。那么,一台精密的工业机器人身上拥有哪些传感器呢?

视觉传感器:视觉传感器就像是机器人的眼睛,机器人在工作时通过视觉传感器对环境物体进行"获取信息、识别物体、检测物体定位",获取目标位置。视觉处理一般包括三个过程:图像获取、图像处理和图像理解。

扭矩传感器:扭矩传感器可以说是机器人的核心部件,它可以让机器人感知力量,同时监控机械手臂上的力,根据数据分析,对机器人接下来的行为作出指导,实现工业机器人的触停、示教或力控打磨。

测距传感器:当机器人在完成一个需要垂直深入抓取位置的抓取时,视觉系统通常会被遮挡无法完成识别,这就需要测距传感器来辅助定位,引导机器人完成正确抓取。

压力传感器:压力传感器可以感知动态压力。在机器人抓取物件时,要控制好力度,避免破坏物品,这时就需要压力传感器的反馈,实现机器人的触觉感知。

接近度传感器:机器人在工作过程中还需要感知周围物体的位置,并与他们保持安全的距离,才可以保证操作过程的安全。接近度传感器用于检测物体的接近程度,一般分为超声波接近度传感器及红外线接近度传感器,超声波接近度传感器测距范围较大,可用在移动机器人及大型机器人的机械夹手上;红外线接近度传感器的体积较小,通常用于机器人夹手。

自控成型机

16.1 项目描述

自控成型机系统实物布局图如图 16 – 1 所示。

初始状态,把原料放入成型机内,各液压缸状态:Y1 = Y2 = Y4 = OFF, Y3 = ON, S1 = S3 = S5 = OFF,S2 = S4 = S6 = ON。

按下启动按钮后,系统动作要求:上液压缸 B 启动(Y2 = ON),B 缸的活塞开始向下运动(S4 = OFF),当 B 缸的活塞下降到终点时(S3 = ON),左液压缸 A 和右液压缸 C 同时启动(Y1 = Y4 = ON, Y3 = OFF),A 缸的活塞向右运动,C 缸的活塞向左运动(S2 = S6 = OFF);当 A、C 缸活塞运动都到终点时(S1 = S5 = ON),原料已成型,各液压缸开始退回原位。首先,A、C 缸返回(Y1 = Y4 = OFF, Y3 = ON, 使 S1 = S5 = OFF),当 A、C 缸返回到可始位置后(S2 = S6 = ON) ,B 缸开始返回(Y2 = OFF, 使 S3 = OFF),当 B 缸返回到初始状态后(S4 = ON),系统回到初始状态。取出成品,放入原料,10 s 后自动开始下一工件的加工。

按下停止按钮,系统在当前的工件加工完毕并回到初始状态后,停止运行。(S1 ~ S6 为限位开关,I0.0、I0.7 外接点动按钮)。

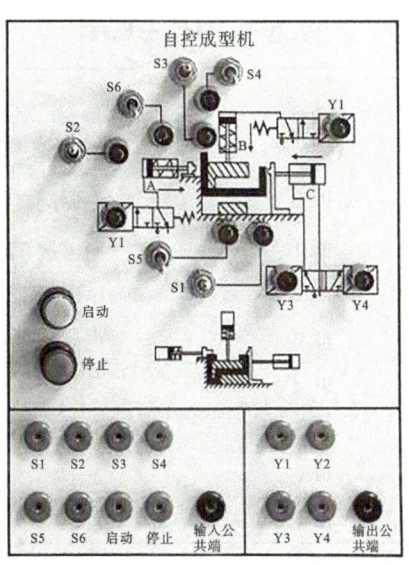

图 16 – 1 自控成型机系统实物布局图

自控成型机系统接线图如图16－2所示。

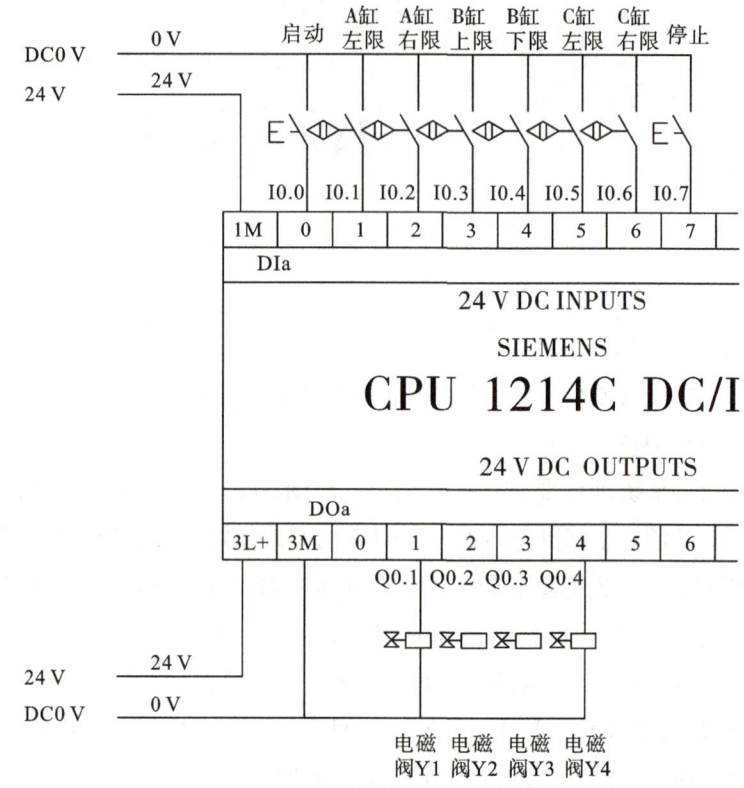

图16－2　自控成型机系统接线图

I/O分配表如表16－1所示。

表16－1　I/O分配表

输入		输出	
功能描述	PLC 地址	功能描述	PLC 地址
启动按钮	I0.0	电磁阀 Y1	Q0.1
S1（A缸右限）	I0.1	电磁阀 Y2	Q0.2
S2（A缸左限）	I0.2	电磁阀 Y3	Q0.3
S3（B缸下限）	I0.3	电磁阀 Y4	Q0.4
S4（B缸上限）	I0.4		
S5（C缸左限）	I0.5		
S6（C缸右限）	I0.6		
停止按钮	I0.7		

请按照控制要求的描述,完成其控制程序的编制与调试。

16.2　项目目标

知识目标：

(1)掌握自控成型机的相关知识。

(2)掌握 PLC 系统程序设计方法。

技能目标：

(1)正确进行自控成型机硬件电路的设计。

(2)会根据流程和工艺要求，合理分配 I/O 地址，设计软件程序。

(3)会编译程序、检查程序编写错误、检查上下位机通信和下载程序至 PLC 主机。

(4)会调试程序，使用软件在线监控程序运行状况。

思政目标：

通过对小型垃圾压缩站的结构功能学习，切实感受垃圾清理工作中蕴含的技术，"绿水青山就是金山银山"已成普遍共识和行动自觉，做好垃圾分类，保护生态环境，人人有责。

16.3　相关知识链接

气缸是气动系统中将气体压力能转换成机械能并完成做功动作的元件。

气缸有做往复直线运动的气缸和做往复摆动运动的气缸两种类型。做往复直线运动的气缸又可分为单作用气缸、双作用气缸、膜片式气缸和冲击气缸 4 种。

(1)单作用气缸：仅一端有活塞杆，从活塞一侧供气聚能产生气压，气压推动活塞产生推力伸出，靠弹簧或自重返回。

(2)双作用气缸：从活塞两侧交替供气，在一个或两个方向输出力。

(3)膜片式气缸：用膜片代替活塞，只在一个方向输出力，用弹簧复位。它的密封性能好，但行程短。

(4)冲击气缸：把压缩气体的压力能转换为活塞高速(10~20 m/s)运动的动能。这是一种新型元件。

图 16-3 为单作用气缸 PLC 系统工作原理示意图，气缸受电磁阀 YA 控制，系统可完成气缸伸出与缩回动作。

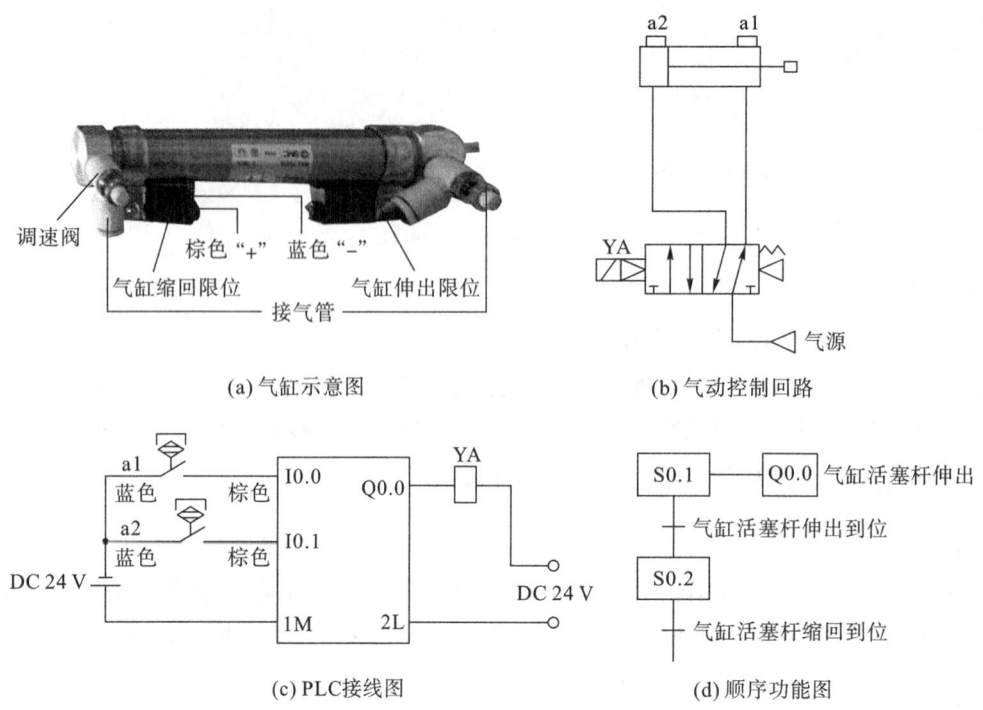

(a) 气缸示意图　　　　　　　(b) 气动控制回路

(c) PLC接线图　　　　　　　(d) 顺序功能图

图 16-3　单作用气缸 PLC 系统工作原理示意图

图 16-4 为双作用气缸 PLC 系统工作原理示意图,气缸受电磁阀 YA0、YA1 控制,系统可完成气缸伸出与缩回动作。

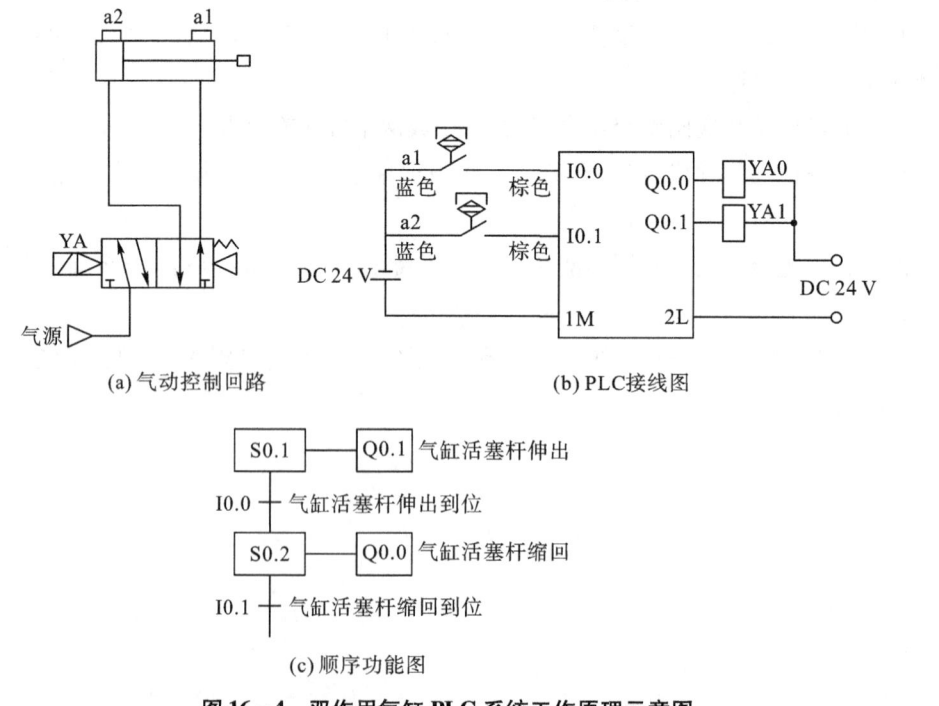

(a) 气动控制回路　　　　　　　(b) PLC接线图

(c) 顺序功能图

图 16-4　双作用气缸 PLC 系统工作原理示意图

试以单作用气缸(图 16-5)为案例做如下练习:要求按下启动按钮,气缸如果处于初始缩回位置,延时 3 s 后,使其推出至 B 点,处于推出位置,5 s 后,又使其缩回至初始位置,来回 4 次后停止。或按下停止按钮后,气缸缩回,返回初始位置。

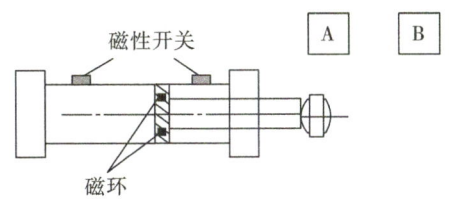

图 16-5 单作用气缸示意图

16.4 任务实施

1. 实训准备

(1)实训设备:

PLC 虚拟仿真系统;智能手机、电脑,机电综合实训室;西门子 S7-1200 PLC 一台,电源模块,按钮模块,编程计算机及电脑推车一套。

(2)软件环境:

PLC 虚拟仿真实训平台,线上教学软件,PLC 系统虚拟仿真动画。

2. 实施步骤

(1)连接 PLC 电源。

(2)PLC 输入端子的连接,写出本项目输入端子所接外部设备。

(3)PLC 输出端子的连接,写出本项目输出端子所接外部设备。

(4)画出 I/O 地址分配表。

(5)绘制硬件接线图。

(6)编制梯形图。

(7)编译程序、检查语法及下载调试。

(8)程序的在线监控与项目验收演示。

(9)撰写项目报告书与总结反思。

3. 制订小组工作计划

根据以上任务要求和实施步骤,制订本小组的工作计划。

工作计划表

项目名称:_____   姓名:_____   1/2

班级		组号		组长	
组员					
工作地点		任务日期		任务时长	
计划名称		工作内容		完成度	

计划名称	工作内容	完成度
	分析控制要求:	
	I/O 分配表:	
	PLC 外设硬件接线:	
	PLC 软件梯形图设计:	

计划名称	工作内容	完成度
	项目调试验收：	

16.5　任务验收考核

班级		姓名		得分	
任务名称		评价标准		分数	
PLC 电源接线		回答及线色选择正确		10	
PLC 输入端子连线		接线规范、线色选择正确		10	
PLC 输出端子连线		接线规范、线色选择正确		10	
I/O 地址分配		合理		10	
硬件接线图		绘制完整、布局合理		10	
梯形图编制		内容完整、正确		10	
程序下载		内容完整、正确		10	
程序调试		内容完整、正确		10	
PLC 系统运行演示与说明		内容完整、正确		10	
项目报告书		内容完整、正确		10	

16.6　安全规范考评

序号	评价内容	评价标准	分数	得分
1	在完成工作任务过程中,操作是否符合安全操作规程	完全符合要求:15 分; 基本符合要求:10 分; 一般符合要求:5 分; 完全不符合要求:0 分	15	
2	工具摆放、物品包装、导线线头和坏线处置等是否符合职业岗位的要求	完全符合要求:5 分; 错误少于或等于 3 处:每错 1 处扣 1 分; 错误 3 处以上:0 分	5	
3	是否做到尊重师长,遵守实训纪律,爱惜实训室的设备和器材,保持工位的整洁	完全符合要求:10 分 (按实际情况酌情扣分)	10	
4	是否按时参加考勤和值日,行为是否符合职业规范	完全符合要求:70 分; 考勤不合格扣 60 分; 未参加值日扣 10 分; 不符合职业规范的行为,视情节酌扣 5～10 分	70	
合计			100	

16.7　课后思考与练习

请试着设计控制要求,并完成对垃圾压缩机控制程序的编写。

LED 数码管显示

17.1 项目描述

请控制数码管循环显示数字 0、1、2、…、9（图 17 - 1）。

溯源数码显示
的大江大河

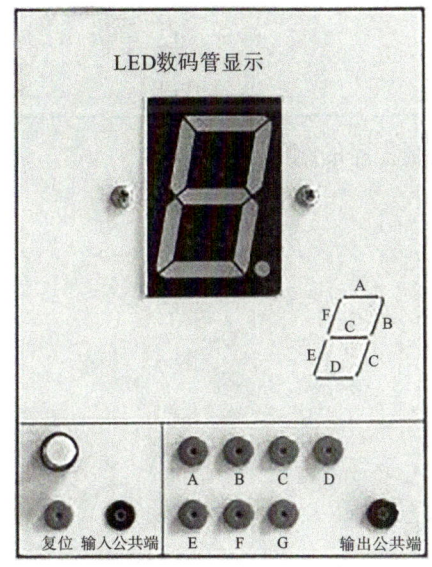

图 17 - 1 数码管实物布局图

数码管接线图（图 17 - 2）：

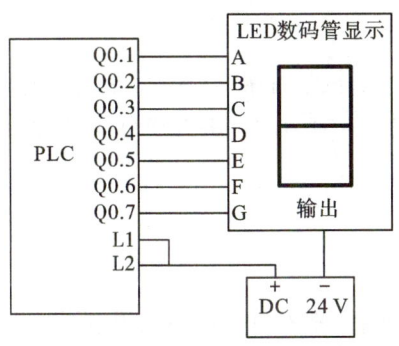

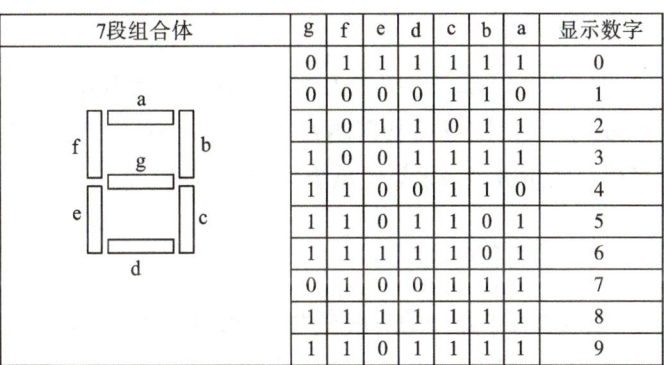

7段组合体		g	f	e	d	c	b	a	显示数字
		0	1	1	1	1	1	1	0
		0	0	0	0	1	1	0	1
		1	0	1	1	0	1	1	2
		1	0	0	1	1	1	1	3
		1	1	0	0	1	1	0	4
		1	1	0	1	1	0	1	5
		1	1	1	1	1	0	1	6
		0	1	0	0	1	1	1	7
		1	1	1	1	1	1	1	8
		1	1	0	1	1	1	1	9

图 17 - 2 数码管接线图

I/O 分配表(表 17 –1):

表 17 –1　I/O 分配表

输入		输出	
功能描述	PLC 分配地址	功能描述	PLC 分配地址
启动按钮	I0.0	A 段	Q0.1
停止按钮	I0.1	B 段	Q0.2
		C 段	Q0.3
		D 段	Q0.4
		E 段	Q0.5
		F 段	Q0.6
		G 段	Q0.7

请按照控制要求的描述,完成其控制程序的编制与调试。

二、项目目标

知识目标:

(1)掌握 LED 数码管的相关知识。

(2)掌握 PLC 系统程序设计方法。

技能目标:

(1)正确进行数码管硬件电路的设计。

(2)会根据系统控制要求,合理分配 I/O 地址,设计软件程序。

(3)会编译程序、检查程序编写错误、检查上下位机通信和下载程序至 PLC 主机。

(4)会调试程序,使用软件在线监控程序运行状况。

思政目标:

自主创新和自主创造正在带动中国制造的技术从"仰视"国外到"平视",从"学习"国外到"反超",中国制造正经历跨越式发展,产出好的产品对外输出,中国的创新崛起之路必将越走越宽广,为世界经济发展贡献更多中国力量。

17.3　相关知识链接

数码管在电路中的应用在生活中随处可见,如电饭煲、电子钟、洗衣机等各种家用电器都会用到数码管。数码管的原理其实非常简单,它和发光二极管有点相似,都有正负极,都能发光,数码管的原理就如同许多的发光二极管拼合起来,它分共阴和共阳。

　　下面就拿一位的数码管来举例说明(图17-3),一位数码管一共有九个引脚,分别是 a、b、c、d、e、f、g、dp、gnd,有时可不显示小数点位,能显示的数字有 1、2、3、4、5、6、7、8、9,能显示的字母有 A、B、C、D、E、F。如果想让共阴极的数码管显示数字 6 就必须给 a、f、e、d、c、g 提供一个高电平,给 gnd 提供一个低电平,这样就能显示数字 6,共阳极则相反。

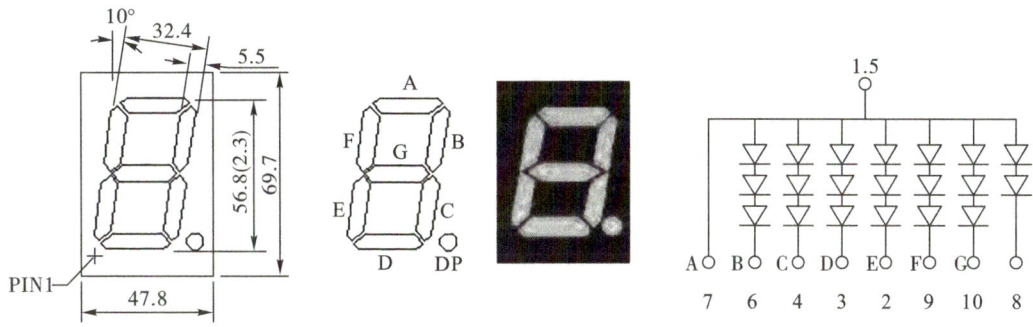

图 17-3　一位数码管

17.4　任务实施

1. 实训准备

(1)实训设备:

PLC 虚拟仿真系统;智能手机、电脑,机电综合实训室;西门子 S7-1200 PLC 一台,电源模块,按钮模块,编程计算机及电脑推车一套。

(2)软件环境:

PLC 虚拟仿真实训平台,线上教学软件,PLC 系统虚拟仿真动画。

2. 实施步骤

(1)连接 PLC 电源

(2)PLC 输入端子的连接,写出本项目输入端子所接外部设备;

(3)PLC 输出端子的连接,写出本项目输出端子所接外部设备;

(4)画出 I/O 地址分配表;

(5)绘制硬件接线图;

(6)编制梯形图;

(7)编译程序、检查语法及下载调试;

(8)程序的在线监控与项目验收演示;

(9)撰写项目报告书与总结反思。

3. 制订小组工作计划

根据以上任务要求和实施步骤,制订本小组的工作计划。

工作计划表

项目名称：_____ 　　　　　　姓名：_____ 　　　　　　1/2

班级		组号		组长	
组员					
工作地点		任务日期		任务时长	
计划名称	工作内容			完成度	

计划名称	工作内容	完成度
	分析控制要求： I/O 分配表： PLC 外设硬件接线： PLC 软件梯形图设计：	

计划名称	工作内容	完成度
	项目调试验收：	

17.5　任务验收考核

班级		姓名		得分	
任务名称		评价标准		分数	
PLC 电源接线		回答及线色选择正确		10	
PLC 输入端子连线		接线规范、线色选择正确		10	
PLC 输出端子连线		接线规范、线色选择正确		10	
I/O 地址分配		合理		10	
硬件接线图		绘制完整、布局合理		10	
梯形图编制		内容完整、正确		10	
程序下载		内容完整、正确		10	
程序调试		内容完整、正确		10	
PLC 系统运行演示与说明		内容完整、正确		10	
项目报告书		内容完整、正确		10	

17.6　安全规范考评

序号	评价内容	评价标准	分数	得分
1	在完成工作任务过程中,操作是否符合安全操作规程	完全符合要求:15 分; 基本符合要求:10 分; 一般符合要求:5 分; 完全不符合要求:0 分	15	
2	工具摆放、物品包装、导线线头和坏线处置等是否符合职业岗位的要求	完全符合要求:5 分; 错误少于或等于 3 处:每错 1 处扣 1 分; 错误 3 处以上:0 分	5	
3	是否做到尊重师长,遵守实训纪律,爱惜实训室的设备和器材,保持工位的整洁	完全符合要求:10 分 (按实际情况酌情扣分)	10	
4	是否按时参加考勤和值日,行为是否符合职业规范	完全符合要求:70 分; 考勤不合格扣 60 分; 未参加值日扣 10 分; 不符合职业规范的行为,视情节扣 5～10 分	70	
合计			100	

17.7　课后思考与练习

请尝试在交通灯控制系统中,加入数码管进行倒计时显示。

双面铣床控制系统

18.1 项目描述

在 SQ1 原点位置人工上料夹紧,按下启动按钮工作滑台快进,快进到 SQ2 时工作滑台工进进行工件加工,加工深度到达 SQ3 时再细加工 10 s,然后,工作滑台快速退回原点位置,等待人工卸料(图 18-1)。

大国工匠:刘湘宾

要求工件加工既能点动、单周循环,又能自动循环控制。在自动循环控制时,如果按下停止按钮,工作滑台马上停止。

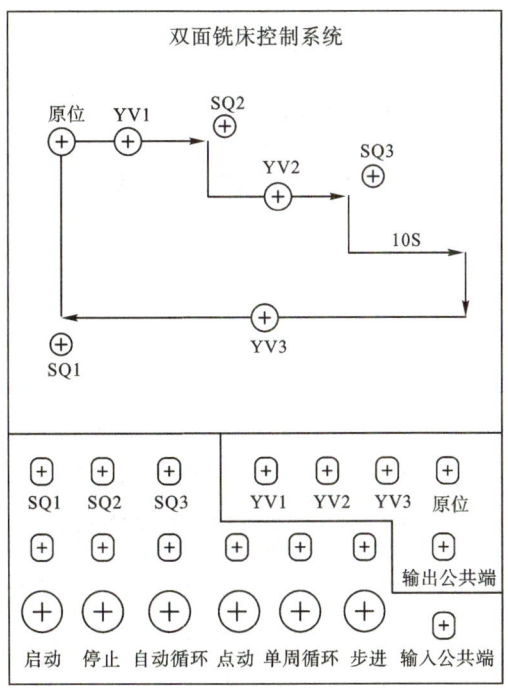

图 18-1 双面铣床控制系统实物布局图

双面铣床接线图(图 18-2):

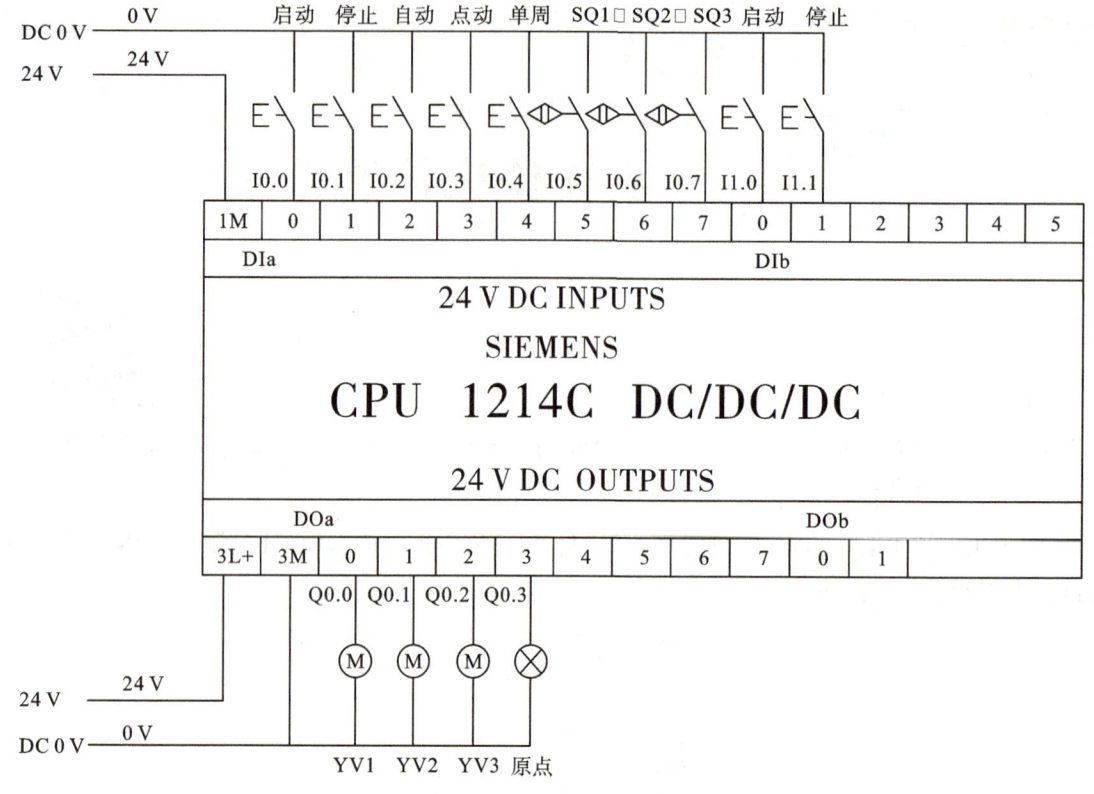

图 18-2 双面铣床接线图

I/O 分配表(表 18-1):

表 18-1 I/O 分配表

输入		输出	
功能描述	PLC 地址	功能描述	PLC 地址
启动按钮	I0.0	工作台快进 YV1	Q0.0
停止按钮	I0.1	工作台工进 YV2	Q0.1
自动循环按钮	I0.2	工作台快退 YV3	Q0.2
点动按钮	I0.3	原点指示	Q0.3
单周循环按钮	I0.4		
原位限位开关 SQ1	I0.5		
快进转工进开关 SQ2	I0.6		
工进转快退开关 SQ3	I0.7		

请按照控制要求的描述,完成其控制程序的编制与调试。

18.2　项目目标

知识目标：

(1)掌握双面铣床的相关知识。

(2)掌握 PLC 系统程序设计方法。

技能目标：

(1)正确进行双面铣床硬件电路的设计。

(2)会根据流程和工艺要求,合理分配 I/O 地址,设计软件程序。

(3)会编译程序、检查程序编写错误、检查上下位机通信和下载程序至 PLC 主机。

(4)会调试程序,使用软件在线监控程序运行状况。

思政目标：

学习大国工匠刘湘宾人物资料,继承和弘扬大国工匠"迎难而上、肯钻肯学"的工作作风和"特别能吃苦、特别能战斗、特别能攻关、特别能奉献"的载人航天精神。

18.3　相关知识链接

生产设备因经常有试机、试刀或调试需求,还有样件单次试验性加工等工作需求,往往需要点动控制、单周循环控制。长时间稳定生产,则需要自动循环控制,提升生产效率。以电机的点动/长动双工作模式为例,可以分别用相应子程序代表其中一种生产场景,通过主程序来合理调用子程序完成控制。如图 18 – 3 所示,I0.0 为 ON 手动,OFF 自动,I0.1 手动启停(点动),I0.2自动启动,I0.3 自动停止。

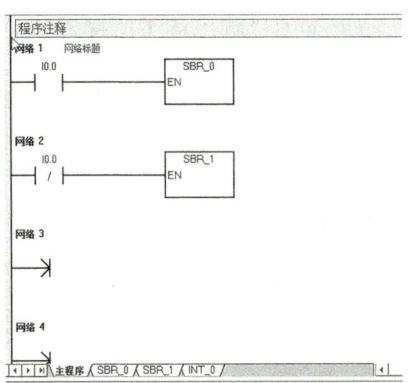

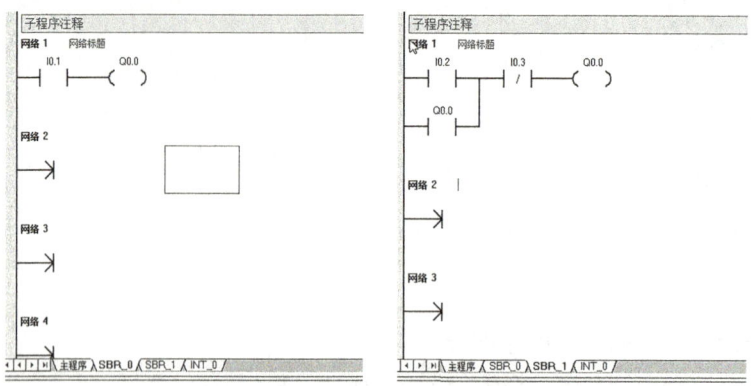

图 18 - 3　电机点动/长动双工作模式控制程序

18.4　任务实施

1. 实训准备

（1）实训设备：

PLC 虚拟仿真系统；智能手机、电脑，机电综合实训室；西门子 S7 - 1200 PLC 一台，电源模块，按钮模块，编程计算机及电脑推车一套。

（2）软件环境：

PLC 虚拟仿真实训平台，线上教学软件，PLC 系统虚拟仿真动画。

2. 实施步骤

（1）连接 PLC 电源。

（2）PLC 输入端子的连接，写出本项目输入端子所接外部设备。

（3）PLC 输出端子的连接，写出本项目输出端子所接外部设备。

（4）画出 I/O 地址分配表。

（5）绘制硬件接线图。

（6）编制梯形图。

（7）编译程序、检查语法及下载调试。

（8）程序的在线监控与项目验收演示。

（9）撰写项目报告书与总结反思。

3. 制订小组工作计划

根据以上任务要求和实施步骤，制订本小组的工作计划。

工作计划表

项目名称：_____   姓名：_____   1/2

班级		组号		组长	
组员					
工作地点		任务日期		任务时长	
计划名称	工作内容				完成度
	分析控制要求： I/O 分配表： PLC 外设硬件接线： PLC 软件梯形图设计：				

计划名称	工作内容	完成度
	项目调试验收：	

18.5　任务验收考核

班级		姓名		得分	
任务名称		**评价标准**		**分数**	
PLC 电源接线		回答及线色选择正确		10	
PLC 输入端子连线		接线规范、线色选择正确		10	
PLC 输出端子连线		接线规范、线色选择正确		10	
I/O 地址分配		合理		10	
硬件接线图		绘制完整、布局合理		10	
梯形图编制		内容完整、正确		10	
程序下载		内容完整、正确		10	
程序调试		内容完整、正确		10	
PLC 系统运行演示与说明		内容完整、正确		10	
项目报告书		内容完整、正确		10	

18.6　安全规范考评

序号	评价内容	评价标准	分数	得分
1	在完成工作任务过程中,操作是否符合安全操作规程	完全符合要求:15 分; 基本符合要求:10 分; 一般符合要求:5 分; 完全不符合要求:0 分	15	
2	工具摆放、物品包装、导线线头和坏线处置等是否符合职业岗位的要求	完全符合要求:5 分; 错误少于或等于 3 处:每错 1 处扣 1 分; 错误 3 处以上:0 分	5	
3	是否做到尊重师长,遵守实训纪律,爱惜实训室的设备和器材,保持工位的整洁	完全符合要求:10 分 (按实际情况酌情扣分)	10	
4	是否按时参加考勤和值日,行为是否符合职业规范	完全符合要求:70 分; 考勤不合格扣 60 分; 未参加值日扣 10 分; 不符合职业规范的行为,视情节扣 5～10 分	70	
合计			100	

18.7 课后思考与练习

思考：双面铣床控制要求中点动、单周期、自动循环各种模式的加工场景有哪些？

全自动洗衣机控制

19.1 项目描述

启动后,洗衣机进水,高水位开关动作时,开始洗涤。正常洗涤 20 s,暂停 3 s 后反转洗涤 20 s,暂停 3 s 再正向洗涤 20 s,如此循环 3 次,洗涤结束。 **洗衣机的发展史** 然后进行排水,当水位下降到低水位时进行脱水(同时排水),脱水时间是 10 s,这样完成一个大循环,经过 3 次大循环后洗衣结束,并报警 10 s 后全过程结束,自动停机(图 19－1)。

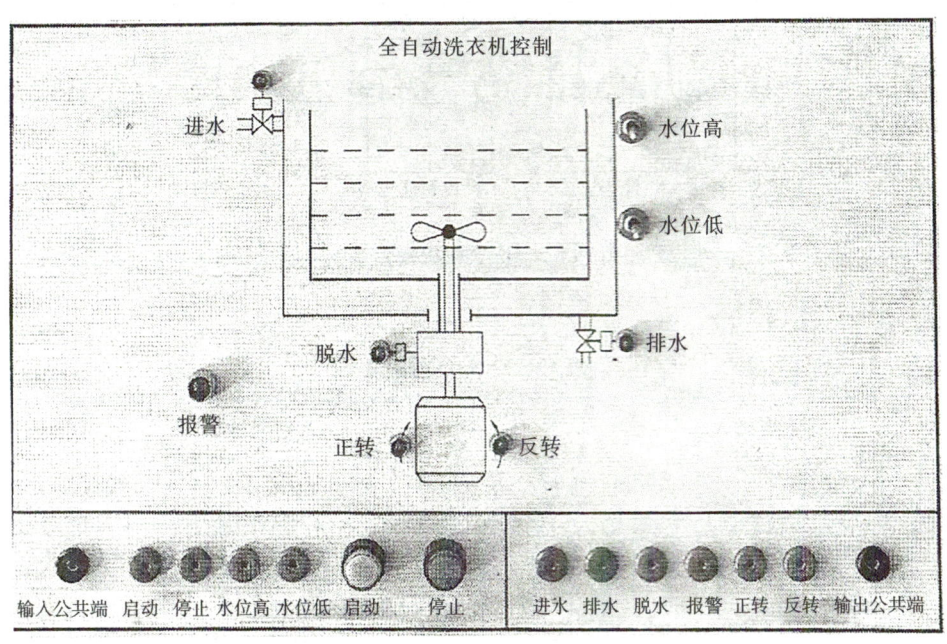

图 19－1　洗衣机控制实物布局图

洗衣机控制接线图(图 19－2):

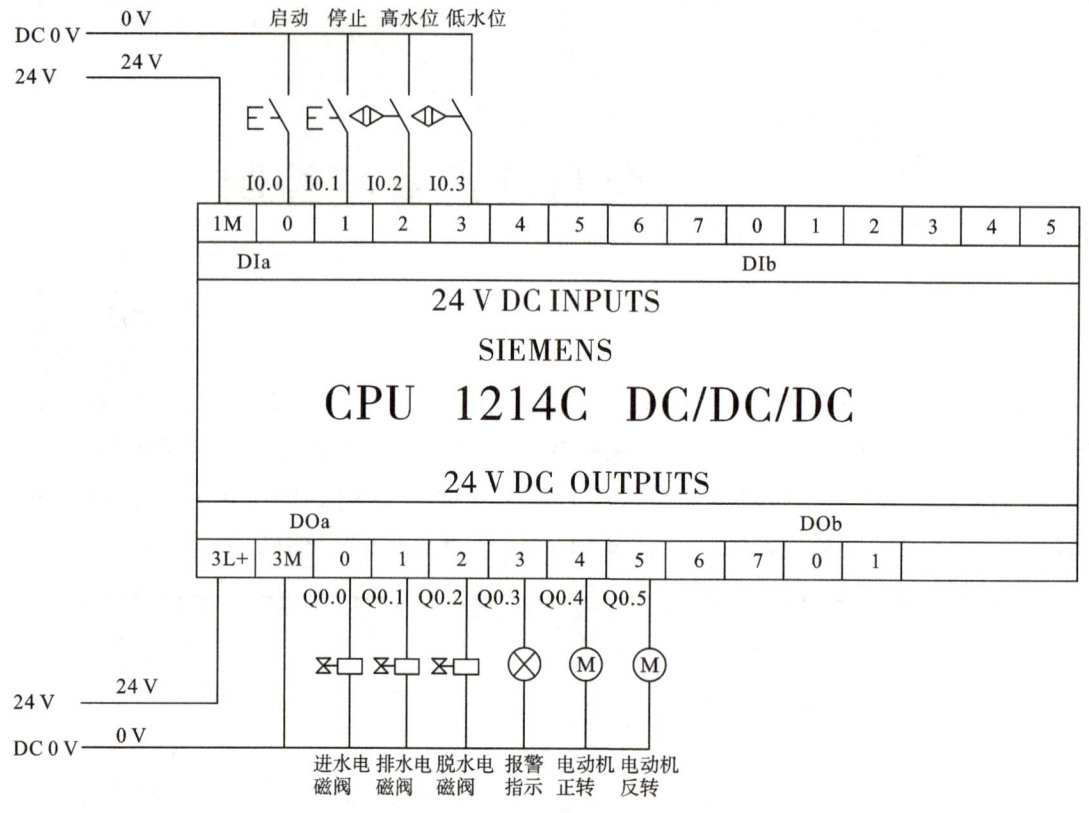

图 19 - 2   洗衣机控制接线图

I/O 分配表(表 19 - 1):

表 19 - 1   I/O 分配表

输入		输出	
功能描述	PLC 地址	功能描述	PLC 地址
启动按钮	I0.0	进水电磁阀	Q0.0
停止按钮	I0.1	排水电磁阀	Q0.1
高水位开关	I0.2	脱水电磁阀	Q0.2
低水位开关	I0.3	报警指示	Q0.3
		电动机正转	Q0.4
		电动机反转	Q0.5

请按照控制要求的描述,完成其控制程序的编制与调试。

19.2　项目目标

知识目标：

(1)掌握全自动洗衣机的相关知识。

(2)掌握 PLC 系统程序设计方法。

技能目标：

(1)正确进行全自动洗衣机硬件电路的设计。

(2)会根据流程和工艺要求,合理分配 I/O 地址,设计软件程序。

(3)会编译程序、检查程序编写错误、检查上下位机通信和下载程序至 PLC 主机。

(4)会调试程序,使用软件在线监控程序运行状况。

思政目标：

培养"勿忘初心"的珍贵品格,以"一颗真心"不断提升自身技术。

19.3　相关知识链接

　　流程图是一种常见的工作图表,以特定的图形符号加上说明,表示算法的图,称为流程图或框图。流程图主要用来说明某一过程。这种过程既可以是生产线上的工艺流程,也可以是完成一项任务必需的管理过程。一张简明的流程图,不仅能促进产品经理与设计师、开发者的交流,还能帮助我们自己查漏补缺,避免功能流程、逻辑上出现遗漏,确保流程的完整性。

　　流程图能让思路更清晰、逻辑更清楚,有助于程序的逻辑实现和有效解决实际问题。流程图有一套标准的符号,每个符号代表特定的含义,如表 19 - 2 所示。举个例子,一个公司的产品检验流程可以用如下的流程图(图 19 - 3)来表示。

表 19 - 2　常用流程图符号

符号	名称	含义
	端点、中断	标准流程的开始与结束,每个流程图只有一个起点
	进程	要执行的处理
	判断	决策或判断
	文档	以文件的方式输入/输出
	流向	表示执行的方向与顺序
	数据	表示数据的输入/输出
	联系	同一流程图中从一个进程到另一个进程的交叉作用

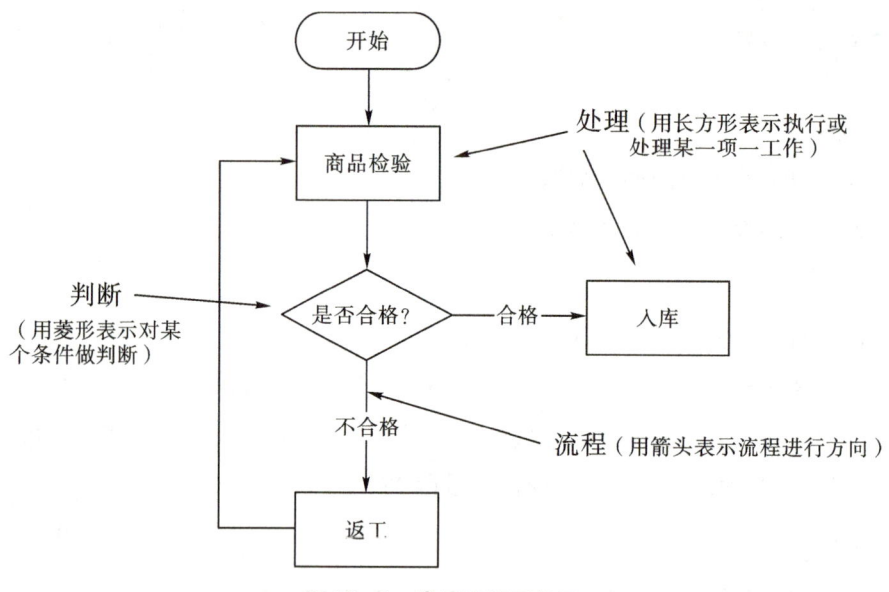

图 19-3　常用流程图符号

流程图绘制应注意的问题：

（1）绘制流程图时，为了提高流程图的逻辑性，应遵循从左到右、从上到下的顺序排列，而且可以在每个元素上用阿拉伯数字进行标注。

（2）从开始符开始，以结束符结束。开始符号只能出现一次，而结束符号可出现多次。若流程足够清晰，可省略开始、结束符号。

（3）当各项步骤有选择或决策结果时，需要认真检查，避免出现漏洞，导致流程无法形成闭环。

（4）连接线不要交叉；处理符号应为单一入口、单一出口；相同流程图符号大小需要保持一致。

（5）处理为并行关系，可以放在同一高度；两个同一路径下的指示箭头应只有一个。

（6）流程图中，如果有参考其他已经定义的流程，则不需重复绘制，直接用已定义的流程符号即可。

请画出全自动洗衣机的工作过程流程图，以便帮助大家梳理编程思路。

19.4　任务实施

1. 实训准备

（1）实训设备：

PLC 虚拟仿真系统；智能手机、电脑，机电综合实训室；西门子 S7-1200 PLC 一台，电源模块，按钮模块，编程计算机及电脑推车一套。

（2）软件环境：

PLC 虚拟仿真实训平台,线上教学软件,PLC 系统虚拟仿真动画。

2. 实施步骤

（1）连接 PLC 电源。

（2）PLC 输入端子的连接,写出本项目输入端子所接外部设备。

（3）PLC 输出端子的连接,写出本项目输出端子所接外部设备。

（4）画出 I/O 地址分配表。

（5）绘制硬件接线图。

（6）编制梯形图。

（7）编译程序、检查语法及下载调试。

（8）程序的在线监控与项目验收演示。

（9）撰写项目报告书与总结反思。

3. 制订小组工作计划

根据以上任务要求和实施步骤,制订本小组的工作计划。

工作计划表

项目名称：_____　　　　　　　　　　姓名：_____　　　　　　1/2

班级		组号		组长	
组员					
工作地点		任务日期		任务时长	
计划名称	工作内容			完成度	
	分析控制要求： I/O 分配表： PLC 外设硬件接线： PLC 软件梯形图设计：				

计划名称	工作内容	完成度
	项目调试验收：	

19.5 任务验收考核

班级		姓名		得分	
任务名称		评价标准		分数	
PLC 电源接线		回答及线色选择正确		10	
PLC 输入端子连线		接线规范、线色选择正确		10	
PLC 输出端子连线		接线规范、线色选择正确		10	
I/O 地址分配		合理		10	
硬件接线图		绘制完整、布局合理		10	
梯形图编制		内容完整、正确		10	
程序下载		内容完整、正确		10	
程序调试		内容完整、正确		10	
PLC 系统运行演示与说明		内容完整、正确		10	
项目报告书		内容完整、正确		10	

19.6 安全规范考评

序号	评价内容	评价标准	分数	得分
1	在完成工作任务过程中,操作是否符合安全操作规程	完全符合要求:15分; 基本符合要求:10分; 一般符合要求:5分; 完全不符合要求:0分	15	
2	工具摆放、物品包装、导线线头和坏线处置等是否符合职业岗位的要求	完全符合要求:5分; 错误少于或等于3处:每错1处扣1分; 错误3处以上:0分	5	
3	是否做到尊重师长,遵守实训纪律,爱惜实训室的设备和器材,保持工位的整洁	完全符合要求:10分 (按实际情况酌情扣分)	10	
4	是否按时参加考勤和值日,行为是否符合职业规范	完全符合要求:70分; 考勤不合格扣60分; 未参加值日扣10分; 不符合职业规范的行为,视情节扣5~10分	70	
合计			100	

19.7　课后思考与练习

请试着收集整理出一种比较复杂的控制系统的流程图。

机械手控制系统

20.1 项目描述

（1）手动操作——每个动作均能单独操作，用于将机械手复位至原点位置。

（2）连续运行——在原点位置按启动按钮时，机械手连续工作一个周期（图20-1），一个周期的工作过程如下：

科技神器——机械手

原点→下降→夹紧（T）→上升→右移→下降→放松（T）→上升→左移到原点

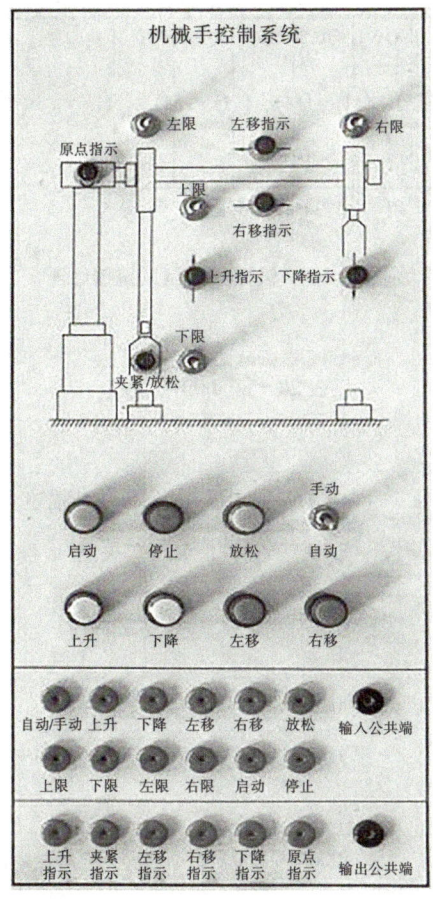

图20-1 机械手控制系统实物布局图

机械手控制系统接线图(图20-2):

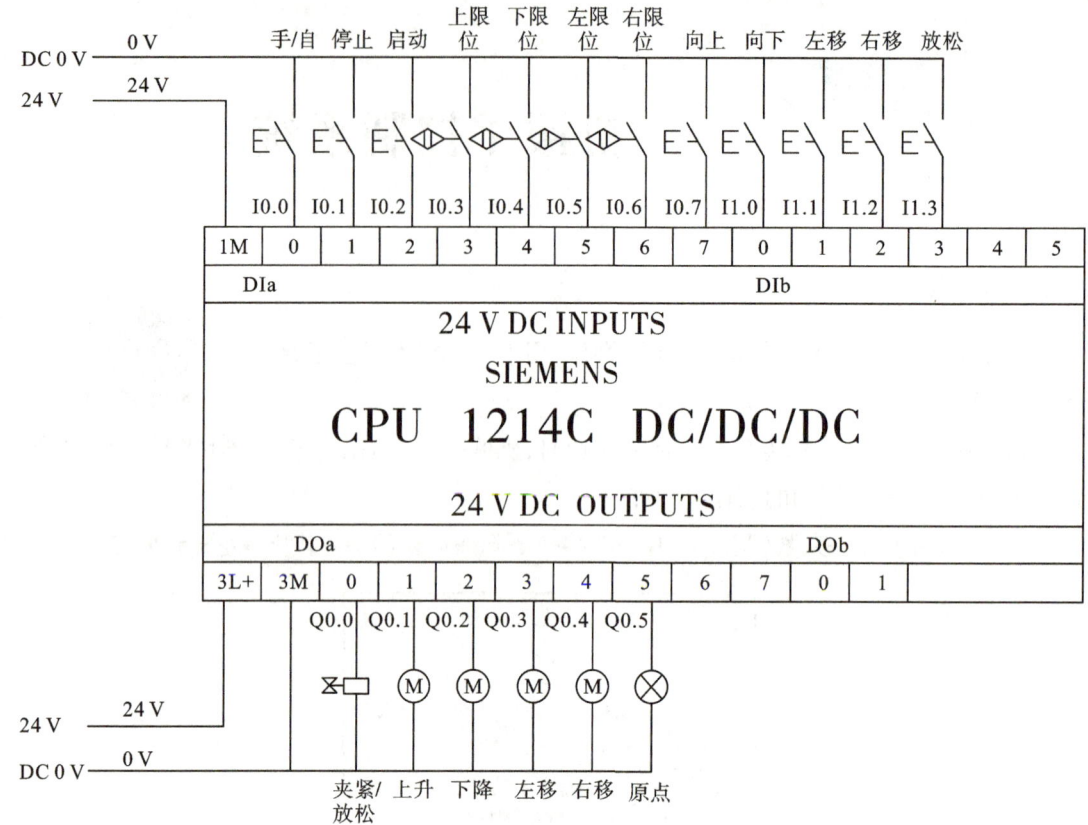

图20-2 机械手控制系统接线图

I/O 分配表(表20-1):

表20-1 I/O 分配表

输入		输出	
功能描述	PLC 地址	功能描述	PLC 地址
自动/手动转换	I0.0	夹紧/放松	Q0.0
停止按钮	I0.1	上升	Q0.1
启动按钮	I0.2	下降	Q0.2
上限位	I0.3	左移	Q0.3
下限位	I0.4	右移	Q0.4
左限位	I0.5	原点指示	Q0.5
右限位	I0.6		
手动向上	I0.7		

输入		输出	
功能描述	PLC 地址	功能描述	PLC 地址
手动向下	I1.0		
手动左移	I1.1		
手动右移	I1.2		
手动放松	I1.3		

请按照控制要求的描述,完成其控制程序的编制与调试。

20.2　项目目标

知识目标:

(1)掌握机械手控制系统的相关知识。

(2)掌握 PLC 系统程序设计方法。

技能目标:

(1)正确进行机械手控制系统硬件电路的设计。

(2)会根据流程和工艺要求,合理分配 I/O 地址,设计软件程序。

(3)会编译程序、检查程序编写错误、检查上下位机通信和下载程序至 PLC 主机。

(4)会调试程序,使用软件在线监控程序运行状况。

思政目标:

学习太空机械臂、深海机械手等资料,切实感受我国航天航海等领域的先进科技水平,体会航天航海等高科技对我国国力的整体提升,激发对未知空间领域的探索精神和为国为民、无私奉献的爱国精神。

20.3　相关知识链接

机械手主要由执行机构、驱动系统、控制系统及位置检测装置等组成。在 PLC 程序控制的条件下,采用液压传动或者气动等其他方式,来实现执行机构的相应部位发生规定要求的、有先后顺序的、有运动轨迹的、有一定速度和时间的动作。同时按其控制系统的信息对执行机构发出指令,必要时可对机械手的动作进行监视,当动作有错误或发生故障时立即发出报警信号。位置检测装置随时将执行机构的实际位置反馈给控制系统,并与设定的位置进行比较,然后通过控制系统进行调整,从而使执行机构以一定的精度达到设定位置。某企业上下料机械手见图 20 - 3。

图20-3　某企业上下料机械手

1.执行机构

执行机构包括手部、手腕、手臂和立柱等部件,有的还增设行走机构。

1)手部

手部为与物件接触的部件。由于与物件接触的形式不同,可分为夹持式和吸附式手部。夹持式手部由手指(或手爪)和传力机构构成。手指是与物件直接接触的构件,常用的手指运动形式有回转型和平移型。回转型手指结构简单,制造容易,故应用较广泛。平移型应用较少,原因是其结构比较复杂,但平移型手指夹持圆形零件时,工件直径变化不影响其轴心的位置,因此适宜夹持直径变化范围大的工件。手指结构取决于被抓取物件的表面形状、被抓部位(是外廓或是内孔)和物件的重量及尺寸。而传力机构则通过手指产生夹紧力来完成夹放物件的任务。常用的传力机构形式:滑槽杠杆式、连杆杠杆式、斜面杠杆式、齿轮齿条式、丝杠螺母弹簧式和重力式等。

2)手腕

手腕是连接手部和手臂的部件,并可用来调整被抓取物件的方位(即姿势)。

3)手臂

手臂是支撑被抓物件、手部、手腕的重要部件。手臂的作用:带动手指去抓取物件,并按预定要求将其搬运到指定的位置。工业机械手的手臂通常由驱动手臂运动的部件(如油缸、液压缸、齿轮齿条机构、连杆机构、螺旋机构和凸轮机构等)与驱动源(如液压、液压或电机等)相配合,以实现手臂的各种运动。

4)立柱

立柱是支撑手臂的部件,立柱也可以是手臂的一部分,手臂的回转运动和升降(或俯仰)运动均与立柱有密切的联系。机械手的立柱因工作需要,有时也可做横向移动,即称为可移式立柱。

5)机座

机座是机械手的基础部分,机械手执行机构的各部件和驱动系统均安装于机座上,故起支撑和连接的作用。

2. 驱动系统

驱动系统是驱动工业机械手执行机构运动的系统。它由动力装置、调节装置和辅助装置组成。常用的驱动系统有液压传动、气压传动、机械传动。

3. 控制系统

控制系统是支配工业机械手按规定要求运动的系统。目前工业机械手的控制系统一般由程序控制系统和电气定位(或机械挡块定位)系统组成。一般机械手采用的是 PLC 程序控制系统，它支配机械手按规定的程序运动，并记忆人们给予机械手的指令信息(如动作顺序、运动轨迹、运动速度及时间)，同时按其控制系统的信息对执行机构发出指令，必要时可对机械手的动作进行监视，当动作有错误或发生故障时即发出报警信号。

4. 位置检测装置

控制机械手执行机构的运动位置，并随时将执行机构的实际位置反馈给控制系统，并与设定的位置进行比较，然后通过控制系统进行调整，从而使执行机构以一定的精度达到设定位置。

20.4 任务实施

1. 实训准备

(1)实训设备：

PLC 虚拟仿真系统；智能手机、电脑，机电综合实训室；西门子 S7 – 1200 PLC 一台，电源模块，按钮模块，编程计算机及电脑推车一套。

(2)软件环境：

PLC 虚拟仿真实训平台，线上教学软件，PLC 系统虚拟仿真动画。

2. 实施步骤

(1)连接 PLC 电源。

(2)PLC 输入端子的连接，写出本项目输入端子所接外部设备。

(3)PLC 输出端子的连接，写出本项目输出端子所接外部设备。

(4)画出 I/O 地址分配表。

(5)绘制硬件接线图。

(6)编制梯形图。

(7)编译程序、检查语法及下载调试。

(8)程序的在线监控与项目验收演示。

(9)撰写项目报告书与总结反思。

3. 制订小组工作计划

根据以上任务要求和实施步骤，制订本小组的工作计划。

工作计划表

项目名称：_____　　　　　　　　　　姓名：_____　　　　　　1/2

班级		组号		组长	
组员					
工作地点		任务日期		任务时长	
计划名称	工作内容			完成度	
	分析控制要求： I/O 分配表： PLC 外设硬件接线： PLC 软件梯形图设计：				

计划名称	工作内容	完成度
	项目调试验收：	

20.5　任务验收考核

班级		姓名		得分	
任务名称		评价标准		分数	
PLC 电源接线		回答及线色选择正确		10	
PLC 输入端子连线		接线规范、线色选择正确		10	
PLC 输出端子连线		接线规范、线色选择正确		10	
I/O 地址分配		合理		10	
硬件接线图		绘制完整、布局合理		10	
梯形图编制		内容完整、正确		10	
程序下载		内容完整、正确		10	
程序调试		内容完整、正确		10	
PLC 系统运行演示与说明		内容完整、正确		10	
项目报告书		内容完整、正确		10	

20.6　安全规范考评

序号	评价内容	评价标准	分数	得分
1	在完成工作任务过程中,操作是否符合安全操作规程	完全符合要求:15 分; 基本符合要求:10 分; 一般符合要求:5 分; 完全不符合要求:0 分	15	
2	工具摆放、物品包装、导线线头和坏线处置等是否符合职业岗位的要求	完全符合要求:5 分; 错误少于或等于 3 处:每错 1 处扣 1 分; 错误 3 处以上:0 分	5	
3	是否做到尊重师长,遵守实训纪律,爱惜实训室的设备和器材,保持工位的整洁	完全符合要求:10 分 (按实际情况酌情扣分)	10	
4	是否按时参加考勤和值日,行为是否符合职业规范	完全符合要求:70 分; 考勤不合格扣 60 分; 未参加值日扣 10 分; 不符合职业规范的行为,视情节扣 5~10 分	70	
合计			100	

20.7 课后思考与练习

请画出机械手控制系统的流程图。

项目 21

三层货梯控制

21.1 项目描述

程序项目树
的架构

电梯停在一层或二层时,按 3AX(三楼下呼)则电梯上行至 3LS 停止。

1. 实训目的

用 PLC 构成三层货梯控制。

2. 实训器材

(1)实训屏 SX-608C 一套。

(2)模块 SX-PLC-00 一块、模块 SX-PLC-05 一块。

(3)连接导线若干。

3. 实训步骤

1)控制要求

(1)电梯停在一层或二层时,按 3AX(三楼下呼)则电梯上行至 3LS 停止。

(2)电梯停在三层或二层时,按 1AS(一楼上呼)则电梯下行至 1LS 停止。

(3)电梯停在一层时,按 2AS(二楼上呼)或 2AX(二楼下呼)则电梯上行至 2LS 停止。

(4)电梯停在三层时,按 2AS 或 2AX 则电梯下行至 2LS 停止。

(5)电梯停在一层时,按 2AS、3AX 则电梯上行至 2LS 停止 t 秒,然后继续自动上行至 3LS 停止。

(6)电梯停在一层时,先按 2AX,后按 3AX(若先按 3AX,后按 2AX,则 2AX 为反向呼梯无效),则电梯上行至 3LS 停止 t 秒,然后自动下行至 2LS 停止。

(7)电梯停在三层时,按 2AX、1AS 则电梯运行至 2LS 停 t 秒,然后继续自动下行至 1LS 停止。

(8)电梯停在三层时,先按 2AS,后按 1AS(若先按 1AS,后按 2AS,则 2AS 为反向呼梯无效),则电梯下行至 1LS 停 t 秒,然后自动上行至 2LS 停止。

(9)电梯上行途中,下降呼梯无效;电梯下行途中,上行呼梯无效。

(10)轿厢位置要求用七段数码管显示,上行、下行用上下箭头指示灯显示,楼层呼梯用指示灯显示,电梯的上行、下行通过变频器控制电动机的正反转。

三层货梯实物布局图如图21-1所示。

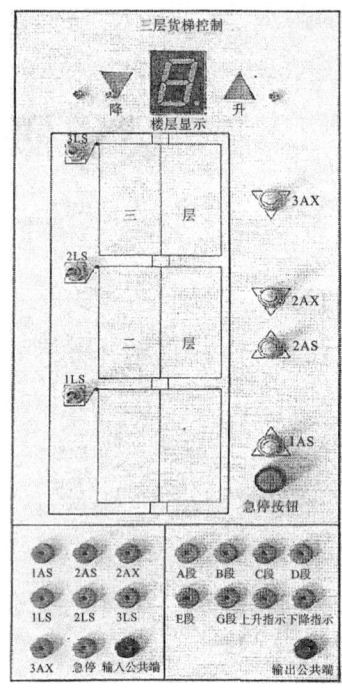

图 21-1 三层货梯实物布局图

三层货梯接线图(图21-2):

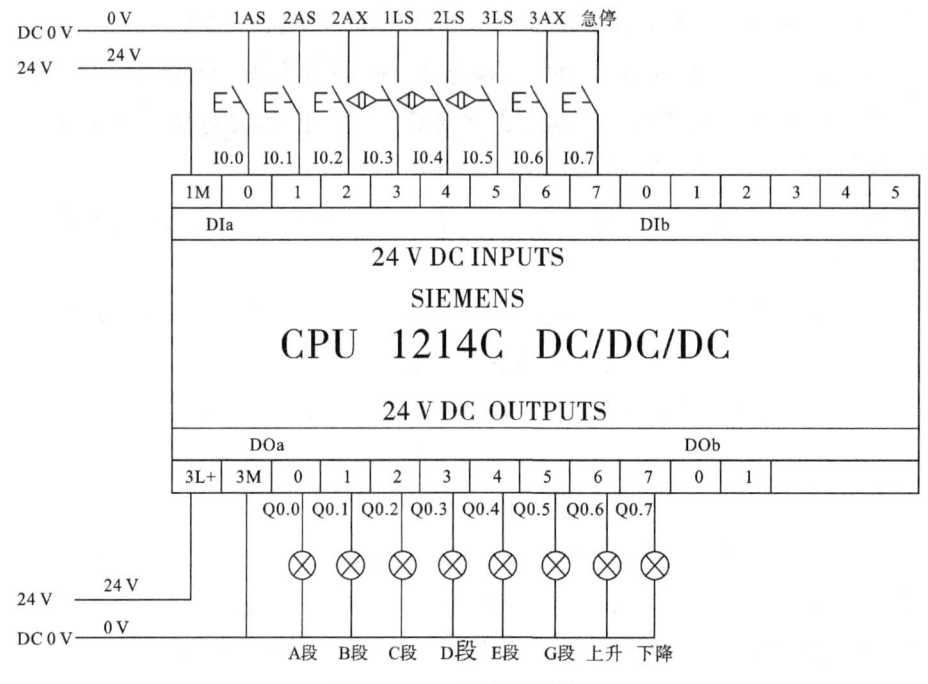

图 21-2 三层货梯接线图

I/O分配表(表21－1)：

表21－1　I/O分配表

输入		输出	
功能描述	PLC 地址	功能描述	PLC 地址
按钮1AS	I0.0	A 段	Q0.0
按钮2AX	I0.1	B 段	Q0.1
按钮3SX	I0.2	C 段	Q0.2
一楼限位开关1LS	I0.3	D 段	Q0.3
二楼限位开关2LS	I0.4	E 段	Q0.4
三楼限位开关3LS	I0.5	G 段	Q0.5
按钮3AX	I0.6	上升指示	Q0.6
急停	I0.7	下降指示	Q0.7

请按照控制要求的描述,完成其控制程序的编制与调试。

21.2　项目目标

知识目标:

(1)掌握三层货梯的相关知识。

(2)掌握PLC系统程序设计方法。

技能目标:

(1)正确进行三层货梯硬件电路的设计。

(2)会根据流程和工艺要求,合理分配I/O地址,设计软件程序。

(3)会编译程序、检查程序编写错误、检查上下位机通信和下载程序至PLC主机。

(4)会调试程序,使用软件在线监控程序运行状况。

思政目标:

通过对货梯技术起源的学习,切实感受技术之间的关联催生效应,新技术往往带来不同领域、不同产业的连锁反应,应寻求不同领域的不同应用。技术创新可以产生"蝴蝶效应",带来巨大的改变。

最初的货梯是由蒸汽机来推动完成上下运输的,因此当时货梯旁边都会有一个很大的锅炉房,用于供给货梯足够的蒸汽,保证货梯的正常运转;直到1880年,德国的西门子公司对货梯进行了创新,利用电力来推动货梯,自此以后货梯得到了大力的发展,被广泛应用于各种场台。

现在,升降货梯的发展仍处于一个高峰状态,各个厂家生产的货梯产品型号各异,提升高度甚至可达百米,包含了国内外先进液压、马达、泵站系统,液压系统防爆装置和液压自锁装置。具有设计新颖、结构合理、升降平衡、操作简单、维修方便等优点,被广泛应用于仓库、机场、港口、车站等场合。

21.3 任务实施

1.实训准备

(1)实训设备:

PLC 虚拟仿真系统;智能手机、电脑,机电综合实训室;西门子 S7-1200PLC 一台,电源模块,按钮模块,编程计算机及电脑推车一套。

(2)软件环境:

PLC 虚拟仿真实训平台,线上教学软件,PLC 系统虚拟仿真动画。

2.实施步骤

(1)连接 PLC 电源。

(2)连接 PLC 输入端子,写出本项目输入端子所接外部设备。

(3)连接 PLC 输出端子,写出本项目输出端子所接外部设备。

(4)画出 I/O 地址分配表。

(5)绘制硬件接线图。

(6)编制梯形图。

(7)编译程序、检查语法及下载调试。

(8)程序的在线监控与项目验收演示。

(9)撰写项目报告书与总结反思。

3.制订小组工作计划

根据以上任务要求和实施步骤,制订本小组的工作计划。

工作计划表

项目名称：_____ 　　　　　　　　姓名：_____ 　　1/4

班级		组号		组长	
组员					
工作地点		任务日期		任务时长	
计划名称	工作内容				完成度
	分析控制要求： I/O 分配表： PLC 外设硬件接线：				

计划名称	工作内容	完成度
	PLC 软件梯形图设计：	

项目名称：_____ 姓名：_____

计划名称	工作内容	完成度

计划名称	工作内容	完成度
	项目调试验收：	

21.4　任务验收考核

班级		姓名		得分	
任务名称		**评价标准**		**分数**	
PLC 电源接线		回答及线色选择正确		10	
PLC 输入端子连线		接线规范、线色选择正确		10	
PLC 输出端子连线		接线规范、线色选择正确		10	
I/O 地址分配		合理		10	
硬件接线图		绘制完整、布局合理		10	
梯形图编制		内容完整、正确		10	
程序下载		内容完整、正确		10	
程序调试		内容完整、正确		10	
PLC 系统运行演示与说明		内容完整、正确		10	
项目报告书		内容完整、正确		10	100

21.5　安全规范考评

序号	评价内容	评价标准	分数	得分
1	在完成工作任务过程中,操作是否符合安全操作规程	完全符合要求:15 分; 基本符合要求:10 分; 一般符合要求:5 分; 完全不符合要求:0 分	15	
2	工具摆放、物品包装、导线线头和坏线处置等是否符合职业岗位的要求	完全符合要求:5 分; 错误少于或等于 3 处:每错 1 处扣 1 分; 错误 3 处以上:0 分	5	
3	是否做到尊重师长,遵守实训纪律,爱惜实训室的设备和器材,保持工位的整洁	完全符合要求:10 分 (按实际情况酌情扣分)	10	
4	是否按时参加考勤和值日,行为是否符合职业规范	完全符合要求:70 分; 考勤不合格扣 60 分; 未参加值日扣 10 分; 不符合职业规范的行为,视情节扣 5～10 分	70	
	合计		100	

21.6 课后思考与练习

请画出三层货梯控制流程图。

自动送料装车系统

22.1 项目描述

初始状态:红灯 L_1 灭,绿灯 L_2 亮,表示允许汽车开进装料,料斗 K_2,电动机 M_1、M_2、M_3 皆为 OFF。

当汽车到来时(S_2 接通表示), L_1 亮, L_2 灭, M_3 运行,电动机 M_2 在 M_3 通 2 s 后运行, M_1 在 M_2 通 2 s 后运行, K_2 在 M_1 通 2 s 后打开出料。当物料满后(用 S_2 断开表示),料斗 K_2 关闭,电动机 M_1 延时 2 s 后关断, M_2 在 M_1 停 2 s 后停止, M_3 在 M_2 停 2 s 后停止, L_2 亮, L_1 灭,表示汽车可以开走。自动送料装车系统实物布局图如图 22 – 1 所示。

**安全并非小事
生命高于泰山**

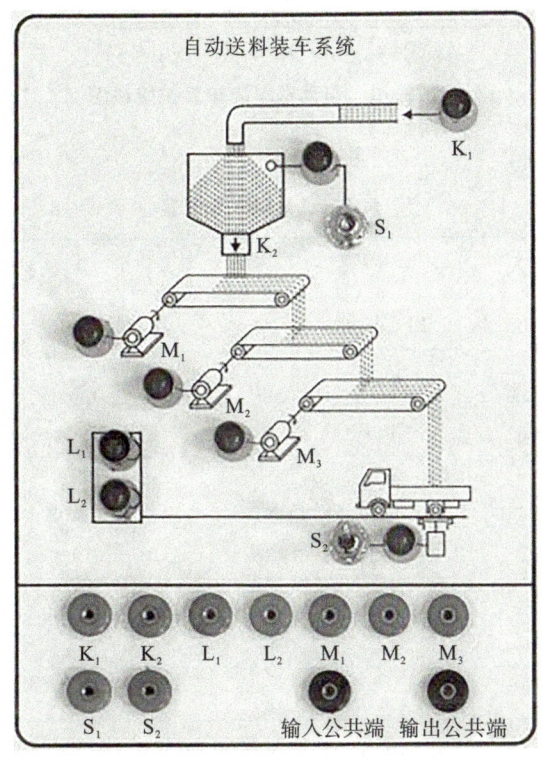

图 22 – 1 自动送料装车系统实物布局图

自动送料装车系统接线图(图22-2):

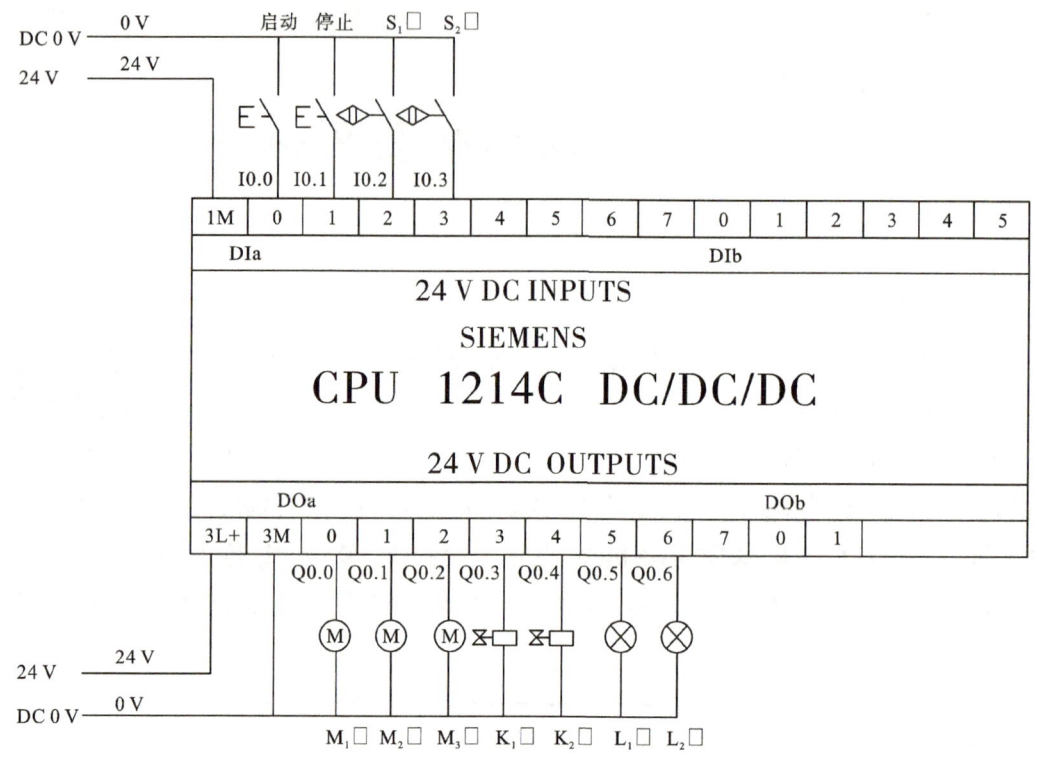

图22-2　自动送料装车系统接线图

I/O分配表(表22-1):

表22-1　I/O分配表

输入		输出	
功能描述	PLC 地址	功能描述	PLC 地址
启动按钮	I0.0	M1	Q0.0
停止按钮	I0.1	M2	Q0.1
S1	I0.2	M3	Q0.2
S2	I0.3	K1	Q0.3
		K2	Q0.4
		L1	Q0.5
		L2	Q0.6

请按照控制要求的描述,完成其控制程序的编制与调试。

22.2　项目目标

知识目标:

(1)掌握自动送料装车系统的相关知识。

(2)掌握 PLC 系统程序的设计方法。

技能目标:

(1)正确进行自动送料装车系统硬件电路的设计。

(2)会根据流程和工艺要求,合理分配 I/O 地址,设计软件程序。

(3)会编译程序、检查程序编写错误、检查上下位机通信和下载程序至 PLC 主机。

(4)会调试程序,使用软件在线监控程序运行状况。

思政目标:

通过对自动送料装车系统功能的学习,切实感受"生产安全,人人有责"。

22.3　任务实施

1. 实训准备

(1)实训设备:

PLC 虚拟仿真系统;智能手机、电脑,机电综合实训室;西门子 S7 - 1200PLC 一台,电源模块,按钮模块,编程计算机及电脑推车一套。

(2)软件环境:

PLC 虚拟仿真实训平台,线上教学软件,PLC 系统虚拟仿真动画。

2. 实施步骤

(1)连接 PLC 电源。

(2)连接 PLC 输入端子,写出本项目输入端点所接外部设备。

(3)连接 PLC 输出端子,写出本项目输出端点所接外部设备。

(4)画出 I/O 地址分配表。

(5)绘制硬件接线图。

(6)编制梯形图。

(7)编译程序、检查语法及下载调试。

(8)程序的在线监控与项目验收演示。

(9)撰写项目报告书与总结反思。

3. 制订小组工作计划

根据以上任务要求和实施步骤,制订本小组的工作计划。

工作计划表

项目名称：_____ 　　　　　　　　　　姓名：_____ 　　　　1/2

班级			组号			组长	
组员							
工作地点			任务日期			任务时长	
计划名称		工作内容					完成度

分析控制要求：

I/O 分配表：

PLC 外设硬件接线：

PLC 软件梯形图设计：

计划名称	工作内容	完成度
	项目调试验收：	

22.4 任务验收考核

班级		姓名		得分	
任务名称		**评价标准**		**分数**	
PLC 电源接线		回答及线色选择正确		10	
PLC 输入端子连线		接线规范、线色选择正确		10	
PLC 输出端子连线		接线规范、线色选择正确		10	
I/O 地址分配		合理		10	
硬件接线图		绘制完整、布局合理		10	
梯形图编制		内容完整、正确		10	
程序下载		内容完整、正确		10	
程序调试		内容完整、正确		10	
PLC 系统运行演示与说明		内容完整、正确		10	
项目报告书		内容完整、正确		10	100

22.5 安全规范考评

序号	评价内容	评价标准	分数	得分
1	在完成工作任务过程中,操作是否符合安全操作规程	完全符合要求:15 分; 基本符合要求:10 分; 一般符合要求:5 分; 完全不符合要求:0 分	15	
2	工具摆放、物品包装、导线线头和坏线处置等是否符合职业岗位的要求	完全符合要求:5 分; 错误少于或等于 3 处:每错 1 处扣 1 分; 错误 3 处以上:0 分	5	
3	是否做到尊重师长,遵守实训纪律,爱惜实训室的设备和器材,保持工位的整洁	完全符合要求:10 分 (按实际情况酌情扣分)	10	
4	是否按时参加考勤和值日,行为是否符合职业规范	完全符合要求:70 分; 考勤不合格扣 60 分; 未参加值日扣 10 分; 不符合职业规范的行为,视情节扣 5~10 分	70	
合计			100	

22.6　课后思考与练习

请画出自动送料装车系统的流程图。

四层电梯控制

23.1 项目描述

中国纳米技术研究有
助于太空电梯技术问世

（1）电梯上升：

电梯停于某层，当有高层某一信号呼叫时，电梯上升到呼叫层停止。如电梯在1楼，4楼呼叫，则电梯上升到4楼停止。

电梯停于某层，当有高层多个信号同时呼叫时，电梯先上升到较低的呼叫层，然后上升到较高的呼叫层。如电梯在1楼，2、3、4层同时呼叫，则电梯先上升到2楼，等人上电梯关门后继续上升到3楼，最后上升到4楼停止。

（2）电梯下降：

电梯停于某层，当有低层某一信号呼叫时，电梯下降到呼叫层停止。如电梯在4楼，1楼呼叫，则电梯下降到1楼停止。

电梯停于某层，当有低层多个信号同时呼叫时，电梯先下降到较高的呼叫层，然后下降到较低的呼叫层。如电梯在4楼，3、2、1层同时呼叫，则电梯先下降到3楼，等人上电梯关门后继续下降到2楼，最后下降到1楼停止。

（3）电梯在上升过程中，任何反向的呼叫按钮均无效。

（4）电梯在下降过程中，任何反向的呼叫按钮均无效。

（5）数码管应该显示电梯的即时楼层位置，数码管显示说明见表23-1。

表23-1 数码管显示说明

位置显示 A	位置显示 B	位置显示 C	位置显示 D	位置显示数码管
1	0	0	0	1
0	1	0	0	2
1	1	0	0	3
0	0	1	0	4

（6）电梯门在没有人按关门按钮时，门开到位等待3 s关闭。当有人按开门按钮时电梯门保持开启状态。

四层电梯实训实物图见图23-1。

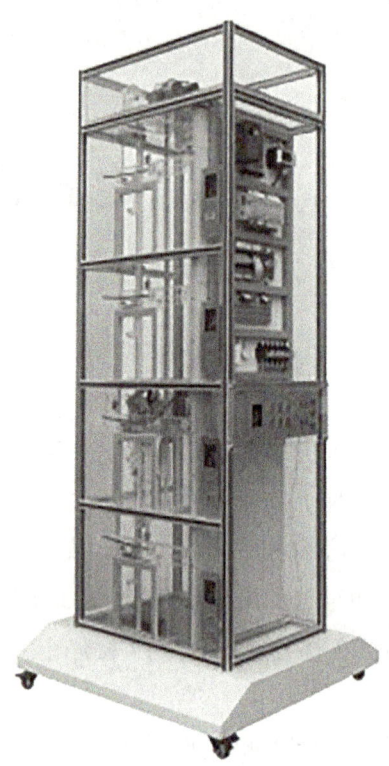

图 23-1 四层电梯实训实物图

四层电梯接线图(图 23-2):

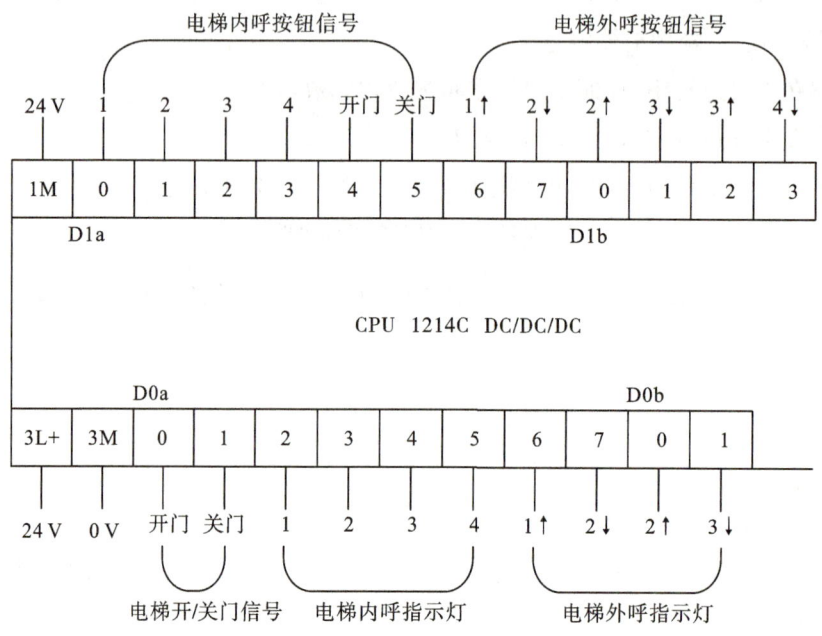

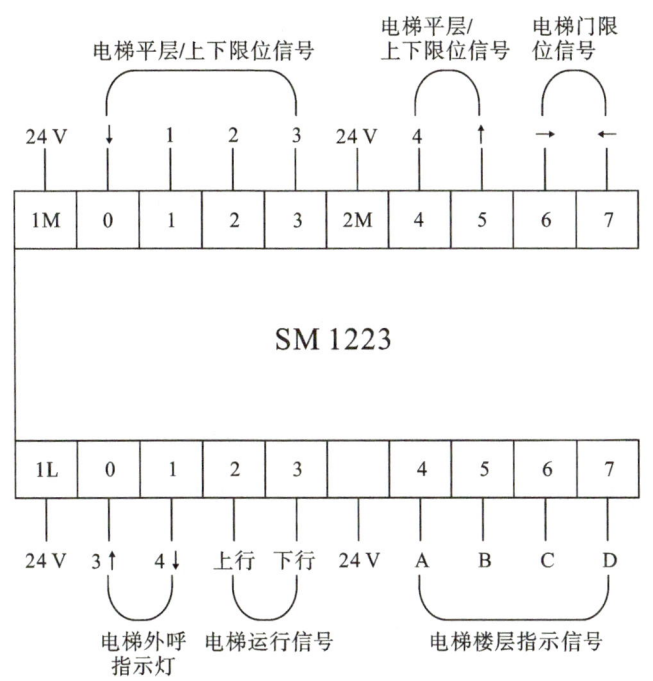

图 23－2 四层电梯接线图

I/O 分配表(表 23－2)：

表 23－2 I/O 分配表

输入		输出	
功能描述	PLC 地址	功能描述	PLC 地址
内呼按钮 1	I0.0	电梯开门信号	Q0.0
内呼按钮 2	I0.1	电梯关门信号	Q0.1
内呼按钮 3	I0.2	内呼指示灯 1	Q0.2
内呼按钮 4	I0.3	内呼指示灯 2	Q0.3
内呼开门	I0.4	内呼指示灯 3	Q0.4
内呼关门	I0.5	内呼指示灯 4	Q0.5
外呼按钮 1 上升	I0.6	外呼指示灯 1 上升	Q0.6
外呼按钮 2 下降	I0.7	外呼指示灯 2 下降	Q0.7
外呼按钮 2 上升	I1.0	外呼指示灯 2 上升	Q1.0
外呼按钮 3 下降	I1.1	外呼指示灯 3 下降	Q1.1
外呼按钮 3 上升	I1.2	外呼指示灯 3 上升	Q2.0

续表

输入		输出	
功能描述	PLC 地址	功能描述	PLC 地址
外呼按钮 4 下降	I1.3	外呼指示灯 4 下降	Q2.1
电梯下限位	I2.0	电梯上行	Q2.2
电梯 1 层限位	I2.1	电梯下行	Q2.3
电梯 2 层限位	I2.2	楼层指示 A	Q2.4
电梯 3 层限位	I2.3	楼层指示 B	Q2.5
电梯 4 层限位	I2.4	楼层指示 C	Q2.6
电梯上限位	I2.5	楼层指示 D	Q2.7
电梯门关限位	I2.6		
电梯门开限位	I2.7		

请按照控制要求的描述,完成其控制程序的编制与调试。

23.2 项目目标

知识目标:

(1)掌握四层电梯的相关知识。

(2)掌握 PLC 系统程序设计方法。

技能目标:

(1)正确进行四层电梯硬件电路的设计。

(2)会根据流程和工艺要求,合理分配 I/O 地址,设计软件程序。

(3)会编译程序、检查程序编写错误、检查上下位机通信和下载程序至 PLC 主机。

(4)会调试程序,使用软件在线监控程序运行状况。

思政目标:

通过对四层电梯结构功能的学习,综合我国材料领域碳纳米管的进展,展望太空电梯,切实感受技术的无穷魅力。

23.3　任务实施

1. 实训准备

（1）实训设备：

PLC 虚拟仿真系统；智能手机、电脑，机电综合实训室；西门子 S7 - 1200 PLC 一台，电源模块，按钮模块，编程计算机及电脑推车一套。

（2）软件环境：

PLC 虚拟仿真实训平台，线上教学软件，PLC 系统虚拟仿真动画。

2. 实施步骤

（1）连接 PLC 电源。

（2）连接 PLC 输入端子，写出本项目输入端点所接外部设备。

（3）连接 PLC 输出端子，写出本项目输出端点所接外部设备。

（4）画出 I/O 地址分配表。

（5）绘制硬件接线图。

（6）编制梯形图。

（7）编译程序、检查语法及下载调试。

（8）程序的在线监控与项目验收演示。

（9）撰写项目报告书与总结反思。

3. 制订小组工作计划

根据以上任务要求和实施步骤，制订本小组的工作计划。

工作计划表

项目名称：＿＿＿＿＿＿＿＿＿＿＿＿ 姓名：＿＿＿＿＿＿＿＿ 1/4

班级		组号		组长	
组员					
工作地点		任务日期		任务时长	
计划名称	工作内容				完成度
	分析控制要求： I/O 分配表： PLC 外设硬件接线：				

计划名称	工作内容	完成度
	PLC 软件梯形图设计:	

项目名称:＿＿＿＿＿＿＿＿＿＿＿　　　　　　姓名:＿＿＿＿＿＿＿

计划名称	工作内容	完成度

计划名称	工作内容	完成度
	项目调试验收：	

23.4 任务验收考核

班级		姓名		得分	
任务名称		评价标准		分数	
PLC 电源接线		回答及线色选择正确		10	
PLC 输入端子连线		接线规范、线色选择正确		10	
PLC 输出端子连线		接线规范、线色选择正确		10	
I/O 地址分配		合理		10	
硬件接线图		绘制完整、布局合理		10	
梯形图编制		内容完整、正确		10	
程序下载		内容完整、正确		10	
程序调试		内容完整、正确		10	
PLC 系统运行演示与说明		内容完整、正确		10	
项目报告书		内容完整、正确		10	

23.5 安全规范考评

序号	评价内容	评价标准	分数	得分
1	在完成工作任务过程中,操作是否符合安全操作规程	完全符合要求:15 分; 基本符合要求:10 分; 一般符合要求:5 分; 完全不符合要求:0 分	15	
2	工具摆放、物品包装、导线线头和坏线处置等是否符合职业岗位的要求	完全符合要求:5 分; 错误少于或等于 3 处:每错 1 处扣 1 分; 错误 3 处以上:0 分	5	
3	是否做到尊重师长,遵守实训纪律,爱惜实训室的设备和器材,保持工位的整洁	完全符合要求:10 分 (按实际情况酌情扣分)	10	
4	是否按时参加考勤和值日,行为是否符合职业规范	完全符合要求:70 分; 考勤不合格扣 60 分; 未参加值日扣 10 分; 不符合职业规范的行为,视情节扣 5~10 分	70	
合计			100	

23.6 课后思考与练习

请试着画出四层电梯控制系统流程图。

参考文献

［1］西门子中国有限公司.S7-200 可编程控制器系统手册［Z］.2005.

［2］西门子中国有限公司.S7-200 CN 产品目录［Z］.2005.

［3］廖常初.S7-200 编程及应用［M］.北京:机械工业出版社,2007.

［4］殷兴光.PLC 应用与实践［M］.西安:西北工业大学出版社,2009.

［5］李伟.机床电器与 PLC［M］.西安:西安电子科技大学出版社,2013.

［6］西门子(中国)有限公司自动化与驱动集团.SIMATIC S7-1200 可编程控制器系统手册［Z］.2009.

［7］廖常初.S7-1200 编程及应用项目教程［M］.北京:机械工业出版社,2015.

［8］侍寿永.西门子 S7-1200 PLC 编程及应用教程［M］.北京:机械工业出版社,2018.

课后习题参考答案